U0313082

天津海洋生态红线区划定方法与监测技术应用

李 军 张文亮 等 编著

科学出版社

北京

内 容 简 介

本书以天津海域为对象,分析了天津海域的背景情况,描述了天津海域使用与生态环境现状,基于建立的天津海洋生态红线区划定的指标体系,以及《渤海海洋生态红线划定技术指南》,对天津海洋生态红线区进行了具体的识别,同时对天津海洋生态红线区进行了大范围在线监测,并对区域内的水质等情况进行了评估。在此基础上,提出了天津海洋生态红线区管控措施,开发了基于 GIS 的天津海洋生态红线区管理系统,并在天津海洋生态红线区进行了具体应用。

本书的成果将主要为天津海洋管理部门开展海洋生态环境管理以及海洋生态红线区管控提供参考,为天津市政府出台海洋经济和海洋事业发展相关规划政策提供决策支撑。同时,本书的成果也可作为海洋生态环境领域专家学者进行学术交流的参考资料,以便进一步探讨天津乃至全国海洋生态红线区管控以及海洋生态环境治理的更有效、更科学的方法。

图书在版编目(CIP)数据

天津海洋生态红线区划定方法与监测技术应用/李军等编著. —北京:科学出版社, 2018.9
ISBN 978-7-03-058680-3

Ⅰ. ①天… Ⅱ. ①李… Ⅲ. ①海洋环境–生态环境–区域环境管理–研究–天津 Ⅳ.①X145

中国版本图书馆 CIP 数据核字(2018)第 202466 号

责任编辑:朱 瑾 / 责任校对:郑金红
责任印制:张 伟 / 封面设计:无极书装

科 学 出 版 社 出版
北京东黄城根北街 16 号
邮政编码:100717
http://www.sciencep.com

北京建宏印刷有限公司 印刷
科学出版社发行 各地新华书店经销

*

2018 年 9 月第 一 版   开本:720×1000 B5
2019 年 3 月第二次印刷   印张:7 1/2
字数:151 000
定价:128.00 元

(如有印装质量问题,我社负责调换)

《天津海洋生态红线区划定方法与监测技术应用》
编写人员名单

主　编：李　军　　张文亮

副主编：柴云潮　　路文海　　李　晖　　樊景凤

编写组：（按姓氏笔画排序）

王雪莹　　付瑞全　　向先全　　刘　玉

孙永光　　李　军　　李　晖　　李　燕

张文亮　　陈全震　　林　勇　　胡　洁

胡守政　　哈　谦　　顾炎斌　　柴云潮

黄　伟　　路文海　　樊景凤

前　　言

党的十八大以来，以习近平总书记为核心的党中央，高瞻远瞩，审时度势，大力推进生态文明建设，并将其纳入"五位一体"总体布局，明确了发展必须是科学发展，在加快经济发展的同时，必须要注重对生态环境的保护，习近平总书记特别提出"绿水青山就是金山银山""像保护眼睛一样保护生态环境，像对待生命一样对待生态环境"等一系列重要理念，为经济社会实现可持续发展提供了根本遵循。

为加快推进生态文明建设，2011年，《国务院关于加强环境保护重点工作的意见》（国发〔2011〕35号）明确提出，在重要生态功能区、陆地和海洋生态环境敏感区、脆弱区等区域划定生态红线，这是首次以国务院文件形式出现"生态红线"概念并提出任务。2014年1月，环境保护部出台《国家生态保护红线—生态功能红线划定技术指南（试行）》（环发〔2014〕10号），在此基础上，正式印发《生态保护红线划定技术指南》（环发〔2015〕56号）。上述政策和指南，为国家生态保护红线划定了方向。

海洋是人类生存与发展的基础，它提供了丰富的生物资源、矿物资源、海洋能源和空间资源。海洋生态文明作为生态文明建设的重要组成部分，愈发受到各级领导和社会各界的密切关注。习近平总书记对海洋强国建设提出了"四个转变"具体要求，其中明确要保护海洋生态环境，着力推动海洋开发方式向循环利用型转变。由此看出，建设海洋生态文明，必须要一以贯之落实新发展理念，推动海洋经济向绿色、循环、低碳方向发展，加强对海洋生态系统的保护与修复，促进海洋生态环境更加优美。因此，大力推进海洋生态文明建设已成为沿海各省市经济社会发展的重要一环。

天津作为全国海洋经济科学发展示范区，海洋经济发展必须走科学发展道路，海洋生态文明建设的地位和作用凸显。在此背景下，天津提出加快海洋生态红线区的划定。2014年，在天津市海洋局的大力推荐下，国家海洋局批准立项了海洋公益性项目"海洋生态红线区划管理技术集成研究与应用"。在此项目的支持下，确立了以天津海域为研究对象的子课题"天津海域生态红线区划管理与监测技术示范应用"，旨在研究一套科学有效的海洋生态红线区划定方法，推动天津在全国率先划定海洋生态红线区，为天津加快建设海洋生态文明示范区奠定基础。

经过几年的研究，项目取得了一系列研究成果。本书是利用项目研究成果，结合对天津海域生态环境大量的调查、研究，由天津市海洋局直属单位——天津市渤海海洋监测监视管理中心牵头组织，国家海洋信息中心、国家海洋技术中心、国家海洋环境监测中心、国家海洋局第二海洋研究所相关人员集体研究，共同编撰而成。在本书的编写过程中，得到了天津市海洋局有关领导和各编写单位领导的关心、指导和帮助，在此一并表示衷心感谢。

本书编写属初次尝试，由于理论水平和技术条件有限，加之一些客观因素的制约，书中的错误和不足之处在所难免，敬祈专家和同仁不吝指正。

张文亮

2017 年 8 月于天津

目　　录

1 天津海域概况

天津地处我国华北平原的东北部，位于北纬 38°34′~40°15′、东经 116°43′~118°04′。东临渤海湾，北依燕山，西接首都北京，南北均与河北省接壤，南北长 189 km，东西宽 117 km。天津海岸线北起津冀行政北界线与海岸线交点（涧河口以西约 2.4 km 处），南至沧浪渠中心线。天津海域处于天津东部，属于渤海湾的一部分，位于渤海西岸、渤海湾的顶端，地处环渤海经济圈。

天津滨海新区雄踞环渤海经济圈的核心位置，我国华北、西北和东北三大区域的结合部，环渤海地区的中枢部位，是环渤海城市带的交汇点；在国际方面，天津滨海新区与朝鲜半岛隔海相望，直接面向东北亚和迅速崛起的亚太经济圈，是我国华北、西北地区进入东北亚，走向太平洋的重要门户和海上通道，是连接我国内陆与中亚、西亚、欧洲的亚欧大陆桥的桥头堡。天津滨海新区独特的区位优势，使其融入世界经济整体，必将拥有较好的发展机遇。

1.1 天津海域资源与环境概况

天津海岸线较短，海域面积较小，资源较为有限，但类型多样，主要有海岸线资源、港口资源、油气资源、盐业资源、海洋生物资源、滨海旅游资源和滨海湿地资源等。

1.1.1 海岸线资源

天津海岸线位于渤海西部海域，南起歧口，北至涧河口，海岸线总长度为 153.67 km，其中大陆岸线长度为 153.20 km，岛屿岸线长度为 0.47 km，潮间带滩涂面积约为 370 km²，海岸线类型为堆积型平原海岸，即典型的粉砂淤泥质海岸。按海岸形态变化程度，可将海岸线进一步划分为：①缓慢淤积型海岸，分布在南堡—大神堂、蓟运河口—新港北、海河闸下及两侧滩面、独流减河—后唐铺等岸段；②相对稳定型海岸，主要分布在海河口以南至独流减河岸段；③冲刷型海岸，主要分布在蛏头沽—大神堂岸段。从总体情况来看，天津的海岸线和海域资源在全国 11 个沿海省市中是最少的，但单位长度海岸线的海洋生产总值在全国沿海省市中名列前茅，区位优势和作用最为明显，开发利用程度很高，居全国前列。

1.1.2 港口资源

天津拥有我国最大的人工港——天津港，是我国北方重要的对外贸易口岸、全国综合运输体系的重要枢纽。天津海岸线较短，河口密集，可以作为港口开发利用的入海河口，主要有永定新河河口、海河河口和独流减河河口，其中海河河口除泄洪区禁止开发外，已经完全被开发成为天津港区的一部分。天津港现已形成北疆、南疆、东疆、大沽口、高沙岭、大港、北塘、汉沽、海河等"一港九区"的发展格局，拥有生产性泊位 140 余个，其中万吨级以上深水泊位 75 个，新港航道已达 $25×10^4$ t 级，综合经济效益居全国沿海港口前列。

1.1.3 油气资源

天津附近海域石油及天然气资源丰富，已探明石油储量超过 $1.9×10^8$ t，天然气储量达 $638×10^8$ m³，其中大港油田和渤海油田是我国重要的沿海平原潮间带与海上油气开发区。渤海油田所在的渤海湾海域分布有埕北油田和渤南油田；大港油田主要包括塘沽油田、长芦油田、板桥油田和北大港油田。丰富的油气资源促进了天津港 $1000×10^4$ t 油码头的建设，使油气开采业和石油化工业成为滨海新区的支柱产业。

1.1.4 盐业资源

海盐是以海水为原料，利用阳光、风力等自然资源，将海水蒸发、浓缩结晶生产出来的。天津盐业的生产方式主要是引海水晒盐，也是一种主要的海水资源利用方式。天津海域是海盐生产的理想场所，年平均盐度为 28.4‰，成盐质量高，氯化钠含量达 95%~96%，加之年蒸发量大、风多等优越的气候条件，对海盐生产十分有利。在气候方面，天津沿海年平均气温在 11.7~12.5 ℃，年蒸发量大，实际日照时数长，这些条件为海盐生产提供了得天独厚的条件，特别是在 4~6月，雨少风多，蒸发量大，是海盐生产的最好季节。天津约有盐田 338 km²，海盐年产量超过 $240×10^4$ t，是我国最大的海盐产区之一。

1.1.5 海洋生物资源

天津海域位于渤海湾的中心部位，其毗邻海域是重要的海洋经济水产物种的繁育区。据统计，渤海湾海洋生物种类约有 170 种，其中天津渔业资源种类有 80

多种，主要渔获种类有 30 多种，如斑鰶、梅童鱼、青鳞鱼、梭鱼、海鲶鱼、毛虾、口虾蛄、梭子蟹、青蟹、中国对虾、银鲳等。根据海洋生物种类的洄游生活习性特点，可将天津海洋渔业资源分为两种类型：一类是地方性洄游资源，栖息在河口和较浅水域，随着水温的变化，作深、浅水季节移动，由于移动范围不大，洄游路线一般不明显，属于这一类型的种类较多，多为暖温性及冷温性种群，如毛虾、毛蚶、梭子蟹、梭鱼等，这类地方性近海渔业资源是常年捕捞的对象；另一类是远距离洄游资源，多为暖温性及暖水性种群，分布范围较大，主要分布在黄海水域，有明显的洄游路线，如对虾、小黄鱼等经济鱼虾类。

1.1.6 滨海旅游资源

天津滨海旅游资源潜力较大，有辽阔的海域、河湖水面，可开展水上体育活动；海岸带地势低下，洼地众多，河流纵横，有的洼地和河曲地段形成了独特的自然生态系统，成为较好的风景旅游区；有沧海桑田的遗迹——古海岸贝壳堤等自然旅游资源；拥有大沽炮台群、观音寺等人文旅游资源；还拥有海河外滩公园、天津滨海航母主题公园、天津海昌极地海洋公园等人造旅游景观，这些旅游资源为旅游业的开发提供了较好的资源条件。

1.1.7 滨海湿地资源

天津滨海湿地是在沉降平原粉砂淤泥质海岸基础上，经过海陆变迁，在地下水、河流、潮流、波浪等陆地、海洋环境及生物因素的综合作用下形成的，是天津海岸带生态系统中一个十分重要的子系统。天津滨海湿地也是天津滨海地区一种独特的生境和重要的土地资源，主要分布于滨海新区的汉沽、塘沽和大港近海及海岸湿地，天津滨海湿地目前海岸湿地面积占全市湿地总面积的近 30%。

1.2 天津海域社会与经济概况

1.2.1 人口状况

根据《2013 年天津市国民经济和社会发展统计公报》可知，截至 2013 年末，天津常住人口共 1472.21 万人，比 2012 年末增加了 59.06 万人；其中，外来人口有 440.91 万人，比 2012 年末增加了 47.95 万人，占常住人口增量的 81.2%，外来人口成为全市人口增量的主体。2013 年末，全市户籍人口共 1003.97 万人，其中，农业人口有 371.74 万人，非农业人口有 632.23 万人。全市人口出生率为 8.28‰，死亡率为 6.00%，自然增长率为 2.28%。

根据《天津滨海新区统计年鉴 2013》可知，滨海新区 2012 年常住人口共 263.52 万人，比 2011 年增加了 9.86 万人；外来常住人口有 137.68 万人，比 2011 年增加了 8.89 万人。常住人口密度为 1160 人/km²，每平方千米比上年增加 43 人。人口出生率为 7.77‰，死亡率为 5.27‰，自然增长率为 2.5‰。户籍人口共 115.88 万人，比上年增加 2.08 万人。滨海新区规划到 2020 年人口达到 600 万，人口密度将达到 2643 人/km²。

1.2.2 经济状况

根据《2013 年天津市国民经济和社会发展统计公报》可知，2013 年天津地区生产总值（地区 GDP①）为 14 370.16 亿元，按可比价格计算，比上年增长 12.5%。从三次产业来看，第一产业增加值为 188.45 亿元，增长 3.7%；第二产业增加值为 7276.68 亿元，增长 12.7%；第三产业增加值为 6905.03 亿元，增长 12.5%。三次产业结构为 1.3∶50.6∶48.1。全年地方一般预算收入为 2078.30 亿元，增长 18.1%。全年地方税收收入为 1309.91 亿元，增长 18.5%。全社会固定资产投资首次突破万亿元，为 10 121.20 亿元，增长 14.1%。全年全部工业增加值为 6678.60 亿元，增长 12.8%；其中，规模以上工业增加值增长 13.0%。全部工业总产值为 27 169.14 亿元，增长 13.0%；其中，规模以上工业总产值为 26 400.37 亿元，增长 13.1%。

自天津滨海新区纳入国家发展战略以来，该地区经济持续快速发展，2013 年，全年国内生产总值达到 7205.17 亿元，按可比价格计算，比上年增长 20.1%，连续 3 年实现跨千亿元台阶。从三次产业来看，第一产业完成 9.36 亿元，增长 2.9%；第二产业完成 4857.76 亿元，增长 21.9%；第三产业完成 2338.05 亿元，增长 16.1%。三次产业结构为 0.1∶67.4∶32.5，第三产业比重比上年提高 1.4 个百分点。实现工业增加值 4622.81 亿元，比上年增长 22.9%，拉动滨海新区经济增长 16.1 个百分点，对经济增长的贡献率达到 70.2%。完成规模以上工业总产值 14 416.75 亿元，增长 15.8%；销售产值 14 284.60 亿元，增长 12.8%；产销率 99.1%；出口交货值 2048.94 亿元，增长 13.8%。财政总收入为 1655.8 亿元，比上年增长 20.1%；地方财政收入为 1122.6 亿元，增长 22.4%，其中一般预算收入为 731.8 亿元，增长 22.9%；基金收入为 390.8 亿元，增长 21.4%。税收收入平稳增长，完成税收收入 492.10 亿元，增长 10.4%。

---

① GDP：国内生产总值。

1.2.3 基础设施

（1）交通通信

汉沽地区地处天津滨海开发带和京津冀的连接点，随着津汉路、塘汉路、汉南路、东环路、汉北路、彩虹大桥和唐津高速公路的建成通车，该地区的交通更加畅达。天津港为我国北方第一大港，2012 年完成港口货物吞吐量 4.77×10^8 t，集装箱吞吐量 1230.31×10^4 TEU。天津机场扩建工程进展顺利，国际航运中心和国际物流中心功能明显增强，2012 年旅客吞吐量为 814 万人次，比上年增长 7.8%；货邮吞吐量为 19.43×10^4 t，增长 6.2%。

滨海新区 2013 年邮电业务完成总量为 10.49 亿元，比上年增长 9.4%，其中邮政业务总量为 2.51 亿元，增长 8.8%；电信业务总量为 7.98 亿元，增长 9.7%。发送邮政函件 1275 万件，增长 4.7%；邮政包裹 22.2 万件，增长 4.3%；邮政快递 133.4 万件，下降 12.4%。2013 年末固定电话用户共 42.65 万户，净增 1.14 万户。移动电话用户共 43.79 万户，净增 5.34 万户。互联网宽带接入用户共 31.65 万户，增长 10.4%。目前汉沽地区市话装机总容量达 7.14 万门，可与本市、外埠及国际电话直拨，平均每百人拥有电话 37.7 部。近年来，汉沽地区电子通信也广为普及，目前互联网已开通近 1.8 万户。

（2）供排水设施

汉沽地区投资 1.9 亿元建成的引滦入汉工程，具有引水、输水、蓄水、净水和配水的完整体系，日供水能力为 6.5×10^4 m³，能够满足生产和人民生活的用水供应，结束了城区完全依靠开采地下水和定时供水的历史。同时，汉沽地区还加大了城区管网的改造步伐，供排水能力不断提高。建有工业污水氧化塘，占地 3 km²，库容量为 560×10^4 m³，日处理能力为 5×10^4 t，排污管线长达 110 km。目前，日处理能力为 15×10^4 t 的污水处理厂正在建设中，部分污水管道将投入使用。

（3）电力设施

汉沽变电站是京、津、唐电网的一个重要枢纽电站。经过不断扩建、改造，汉沽地区目前共有变电站 9 座，供电容量达 45.6 万 kV·A。其中 220 kV 变电站 1 座，110 kV 变电站 2 座，35 kV 变电站 6 座，可满足大规模的工业生产需求。随着环境治理力度的加大，一批污染严重的项目已经或即将外迁，富余较大容量的电指标，为发展新的工业项目提供了能源保证。

1.3 天津海域资源开发利用与海域使用现状

1.3.1 海域资源开发利用现状

天津的海洋资源开发利用情况可划分为优势资源、潜在资源、有限资源和过度开发资源 4 种。其中优势资源为石油资源和港口资源；潜在资源为滨海旅游资源和海洋能源；有限资源为盐业资源；过度开发资源为海岸线资源、滩涂资源和渔业资源。

（1）海岸线资源开发利用状况

根据天津市人民政府于 2007 年批准的海岸线修测成果可知，天津海岸线总长度为 153.67 km，其中大陆岸线长度为 153.20 km，岛屿岸线长度为 0.47 km。经过多年的开发和建设，天津的海岸线利用率（尤其是向海一侧海岸线的利用率）有了大幅度提高。沿海岸线向海一侧由北向南依次分布有养殖区、滩涂、港口、围填海区、旅游区、油田、泄洪区等；沿海岸线向陆一侧主要分布有养殖区、村庄、城镇、港口、盐场、油田、泄洪区、滨海道路等。

（2）滩涂资源开发利用状况

由于天津滩涂较为平缓，因此不仅适宜发展滩涂养殖，而且是极具开发价值的后备土地资源，特别是自天津滨海新区纳入国家发展战略以来，天津的滩涂利用率越来越高。目前包括临港经济区、南港工业区、东疆港区、南疆港区、北疆电厂、中心渔港等项目已经投入使用，有的工程项目也已经投入使用。天津滩涂资源的开发利用已趋于饱和，部分岸段已超过资源的承载力，滩涂资源的紧缺态势逐渐显现。

（3）港口资源开发利用状况

近年来，天津港港口规模不断扩大，港口等级显著提高，港口功能日臻完善，布局结构更趋合理，已步入跨越式发展的新阶段。天津港港口基本建设投资快速增长，在全国沿海港口中率先完成了对老码头的改造，港口深水化、大型化、专业化步伐不断加快，可满足世界最先进集装箱船舶及主流干散货船舶进港的需要。2011 年天津港港口货物吞吐量达到 4.5×10^8 t，国际标准集装箱吞吐量达到 1159×10^4 TEU。

（4）油气资源开发利用状况

近几年来，根据原油可持续供应战略，我国加大了对海上石油的勘探力度，在渤海海域成功探明了大规模的原油资源，从而对天津海上油气开采产生了积极的推动作用。依托区位优势，天津海洋油气业稳步发展，逐步成为全市的支柱海洋产业。2011 年，天津海洋原油产量达到 2770.20×10^4 t，占全国沿海地区海洋原油产量的 62.2%；海洋天然气产量达到 21.3719×10^8 m^3，占全国海洋地区天然气产量的 17.6%。近些年来，天津原油和天然气产量逐年增高，且原油产量均占到全国沿海地区海洋原油产量的一半以上。渤海油田的开发使天津原油的产出结构发生了根本性变化。

（5）渔业资源开发利用状况

天津海洋渔业资源相对比较匮乏，由于近几年的破坏性捕捞，牡蛎、扇贝等贝类资源遭到严重破坏，渔业资源栖息环境、种质资源和生物多样性严重受损。为了保护天津海洋渔业资源，近年来海洋渔业重点实施"走出去"战略，积极调整捕捞结构，大力发展远洋渔业。2011 年，天津海洋捕捞产量为 1.705×10^4 t，其中远洋捕捞产量为 0.80×10^4 t。在数量增长的同时，海水养殖也在向工厂化、集约化方向发展，海水育苗、海珍品养殖等特色产业发展速度加快，并初步形成鱼、虾、蟹、贝等多品种育苗格局。

（6）海洋能源开发利用状况

天津沿海滩涂的风能资源相对较为丰富，潮滩资源广阔，且地势较为平坦，区域构造属相对稳定区，2011 年天津的风能发电能力为 24.351 04 kW。天津滨海新区吸引了世界和国内风电行业知名大公司与一批配套企业来津投资发展，已形成以风电整机为龙头、零部件配套为支撑、风电服务业为基础的产业集群，成为全国最大的风电产业聚集地。

（7）盐业资源开发利用状况

天津沿海海水盐度高，成盐质量好是全国重要的海盐产区，也是世界著名"长芦盐"的主要产地之一。2011 年天津盐田总面积为 28 123 hm^2，海盐产量为 181.0×10^4 t。目前，天津工业用盐的主要企业有天津渤海化工集团有限责任公司及天津渤化永利化工股份有限公司（曾用名：天津渤海化工有限责任公司天津碱厂）等化工企业，对原盐的总需求量超过天津现有的生产能力；随着上述两个企业规模的进一步扩大，工业用盐企业对原盐的需求将进一步扩大。

（8）旅游资源开发利用状况

随着天津滨海新区经济的快速发展，旅游景点建设的进一步加快，基础设施的逐步完备，滨海新区正在逐步成为天津旅游业的亮点，对周边地区，特别是内陆地区有着强大的吸引力，为滨海旅游业的发展奠定了良好的物质基础。以自然景观、人文景观、海洋特色、滨海新貌等为特色的休闲游和度假游日益显现。2011年，天津接待入境旅客数量为 73 万人次，占全国各沿海城市总接待入境旅客数量的 1.7%，旅游外汇收入为 17.6 亿美元。

1.3.2　海域使用现状

截至 2013 年底，天津共确权海域使用面积为 20 839.22 hm^2，发放海域使用权证书 302 本，累计征收海域使用金 56.23 亿元。2004～2013 年天津海域主要用海类型及排名如表 1-1 所示。整体上来看，交通运输用海、工业用海及围海造地用海类型所占比重较大。

表 1-1　2004～2013 年天津海域主要用海类型及排名

年份	第一位	第二位	第三位	第四位
2004	渔业用海	排污倾倒用海	其他用海	特殊用海
2005	渔业用海	交通运输用海	工矿用海	—
2006	交通运输用海	渔业用海	特殊用海	围海造地用海
2007	围海造地用海	其他用海	—	—
2008	围海造地用海	渔业用海	工矿用海	交通运输用海
2009	交通运输用海	围海造地用海	渔业用海	工矿用海
2010	工矿用海	交通运输用海	围海造地用海	旅游娱乐用海
2011	工矿用海	交通运输用海	渔业用海	围海造地用海
2012	工业用海	渔业用海	造地工程用海	交通运输用海
2013	交通运输用海	围海造地用海	工业用海	特殊用海

1.4　天津海域生态环境现状及问题

1.4.1　陆源污染概况

（1）入海排污口污染情况

根据《2013 年天津市海洋环境状况公报》可知，2013 年全市共监测各类入海排污口 14 个，按照排污口类型可分为排污河口（10 个）、市政排污口（2 个）和其他类型排污口（2 个）；按照排污口邻近海域主要功能区类型进行统计可知，这些排污口分别位于港口航运区（6 个）、海洋保护区（2 个）、工业与城镇用海区（3 个）、农渔业区（1 个）、旅游休闲娱乐区（1 个）和保留区（1 个）。2013 年天津辖区内北塘排污河、大沽排污河和子牙新河 3 个重点入海排污口及其邻近海域与 11 个一般入海排污口的监测结果显示：在全年 3 月、5 月、8 月和 10 月四次检测中，一般入海排污口超标排放比例分别为 50.0%、83.3%、100% 和 91.7%，主要超标的指标为化学需氧量（chemical oxygen demand，COD）、总磷和悬浮物；重点入海排污口全部出现超标，主要超标的指标是粪大肠菌群、化学需氧量和五日生化需氧量（biochemical oxygen demand，BOD_5）。

（2）入海排污口邻近海域污染情况

根据《2013 年天津市海洋环境状况公报》可知，2013 年重点入海排污口邻近海域总体环境质量较上年有所好转。水体中主要污染指标为无机氮、五日生化需氧量和化学需氧量；北塘排污河入海口邻近海域和大沽排污河入海口邻近海域大型底栖生物的多样性等级均为差，子牙新河入海口邻近海域大型底栖生物的多样性等级为较差。北塘排污河入海口邻近海域生态环境质量等级为第二级（较好），同上一年级别一致；大沽排污河入海口邻近海域生态环境质量等级为第二级（较好），较上一年有所好转；子牙新河入海口邻近海域生态环境质量等级为第三级（差），同上一年级别一致。

（3）入海江河污染情况

2013 年对永定新河、潮白新河和蓟运河入海污染物的监测结果表明，由河流携带入海的主要污染指标为化学需氧量、总氮和总磷。其中，化学需氧量的超标率为 100%，总氮超标率为 88.4%，总磷超标率为 76.7%；其他监测指标的污染程度相对较轻。综合全年的监测结果可知，3 条河流的水质均劣于第四类地表水环境质量标准。

1.4.2 海洋环境质量概况

（1）海水环境

2013 年监测结果显示，天津海域春季水质状况较差，属于第四类及劣于第四类（简称"劣四类"）海水水质标准的海域面积分别为 120 km^2 和 1780 km^2，主要污染物为无机氮；夏季水质状况一般，属于第二类、第三类和第四类海水水质标准的海域面积分别为 95 km²、830 km² 和 975 km²，主要污染物为无机氮；秋季水质状况较差，属于第三类、第四类及劣于第四类海水水质标准的海域面积分别为 230 km²、210 km² 和 1460 km²，主要污染物为无机氮和活性磷酸盐。劣于第四类海水水质标准的海域主要分布在汉沽、塘沽邻近海域及大港子牙新河河口邻近海域。2013 年度海水中主要污染物为无机氮，无机氮在约 50% 的监测站次中劣于第四类海水水质标准；活性磷酸盐在约 10% 的站次中劣于第四类海水水质标准；化学需氧量在约 1% 的站次中劣于第三类海水水质标准，全部符合第四类海水水质标准；石油类在约 20% 的站次中劣于第二类海水水质标准，全部符合第三类海水水质标准。

（2）沉积物环境

2013 年夏季开展了海洋沉积物质量监测，结果显示沉积物质量总体良好。沉积物中多氯联苯含量均超过第一类海洋沉积物质量标准，个别站位的铜含量超过第一类海洋沉积物质量标准，但多氯联苯含量和铜含量均符合第二类海洋沉积物质量标准，其他监测指标均符合第一类海洋沉积物质量标准。与 2012 年同期相比，沉积物中硫化物、锌、铬、汞、石油类和多环芳烃含量有所下降，有机碳、镉、铅、砷和多氯联苯含量略有上升，铜含量基本稳定。

（3）海洋生物多样性

2013 年春季和夏季对天津近岸海域叶绿素 a 浓度和浮游植物、浮游动物、底栖生物、潮间带生物的种类组成、数量及分布等进行了监测。

1）叶绿素 a：春季海域表层叶绿素 a 平均浓度为 3.48 μg/L，底层平均浓度为 1.11 μg/L，低于往年同期水平；夏季海域表层叶绿素 a 平均浓度为 9.76 μg/L，底层平均浓度为 2.82 μg/L，高于往年同期水平。两次监测中叶绿素 a 浓度在海域表层高于底层，且差异较明显；夏季高于春季，受浮游植物季节性分布影响较大。

2）浮游植物：全年监测共获浮游植物 54 种，分属硅藻门和甲藻门；春季主要优势种为旋链角毛藻（Chaetoceros curvisetus），夏季主要优势种为旋链角毛藻、尖刺菱形藻（Pseudo-nitzschia pungens）和丹麦细柱藻（Leptocylindrus danicus）；细胞数量高值区在春季主要分布于北塘和塘沽海域，在夏季主要分布于塘沽和大港南部海域。浮游植物多样性指数在春季处于较差水平，在夏季处于中等水平。

3）浮游动物：全年监测共获浮游动物 42 种，主要分属桡足类、水母类和浮游幼虫；春季主要优势种为双毛纺锤水蚤（Acartia bifilosa）、强壮箭虫（Sagitta crassa）和中华哲水蚤（Calanus sinicus）；夏季主要优势种为强壮箭虫、双毛纺锤水蚤和短尾类溞状幼虫（Brachyura larva）。春季密度高值区主要分布在大港海域，夏季主要分布在塘沽和大港海域。春季平均生物量为 229.6 mg/m³，夏季平均生物量为 75.4 mg/m³，高值区均分布在北塘和大港海域。春、夏季浮游动物多样性指数均处于中等水平。

4）底栖生物：全年监测共获底栖生物 75 种，主要分属软体动物、环节动物和节肢动物；春季主要优势种为凸壳肌蛤（*Musculus senhousia*）和秀丽波纹蛤（*Raetellops pulchella*），夏季主要优势种为凸壳肌蛤。春季密度高值区主要分布在塘沽和汉沽海域，夏季主要分布在塘沽海域。春季底栖生物平均生物量为 116.8 g/m²，夏季平均生物量为 93.2 g/m²，高值区主要分布在塘沽和大港海域，受凸壳肌蛤和长偏顶蛤（*Modiolus elongatus*）影响较大。春、夏季底栖生物多样性指数均处于中等水平。

5）潮间带生物：全年对独流减河河口北侧滩涂进行的监测中，共获潮间带生物 29 种，主要分属软体动物、环节动物和节肢动物。春季主要优势种为光滑河篮蛤（*Potamocorbula laevis*）和海豆芽（*Lingula*），夏季为光滑河篮蛤、海豆芽和光滑狭口螺（*Stenothyra glabra*）。密度在春季以低潮区最高，夏季以中潮区最高。春季平均生物量为 36.0 g/m²，夏季平均生物量为 414.4 g/m²。潮间带生物多样性指数在春季处于较差水平，在夏季处于中等水平。光滑河篮蛤仍然为该区域的绝对优势种，对潮间带生物群落结构稳定性的影响较大。

1.4.3 海洋生态环境长期变化趋势

（1）海水水质变化趋势

2009～2013 年，天津海域海水水质劣四类水质面积比例逐步上升。从夏季劣四类水质面积比例看，2009 年劣四类水质面积比例 44.6%，到了 2013 年，四类水质面积占海域面积的 93.7%（图 1-1）。

历史水质监测显示（图 1-2），天津海域富营养化污染程度逐步加重，突出表现在无机氮的平均浓度持续上升。随着海洋及海岸工程的密集上马，从北到南不断有新项目建设和运行，污染范围逐步增大，富营养化污染范围也从天津海域北部扩展至大部分管辖海域。石油类含量总体上升，这和规模不断提升的港口航运有着密切的关系。总体来看，天津海域主要污染物构成稳定，污染物浓度在长期波动中呈总体上升趋势。

（2）沉积物质量变化趋势

历史沉积物质量监测表明，在 2003～2013 年，天津近岸海域沉积物质量总体呈现改善的趋势。近岸海域海洋沉积物中铜和石油类的含量明显降低，海洋沉积物质量有了显著改善，由第三类海洋沉积物改善为第二类海洋沉积物，沉积物污

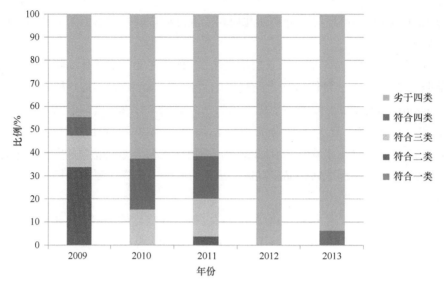

图 1-1　2009～2013 年天津海域水质等级面积比例

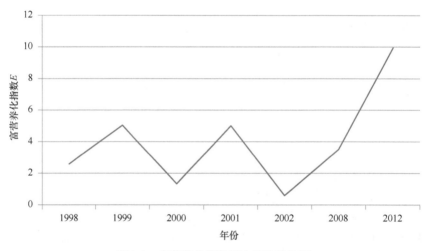

图 1-2　富营养化指数历史变化趋势图

染控制效果较为显著。从污染物的构成上来看，多氯联苯、石油类、铜等一直是该海域的特征污染物，但污染程度明显下降，污染物年均值基本已控制在沉积物一类标准以内。

2003 年，天津近岸海域海洋沉积物质量符合第二类海洋沉积物标准，主要污染物为铜，其他监测要素符合第一类海洋沉积物标准。与 2002 年相比，天津近岸海域海洋沉积物中铜和石油类的含量明显降低，海洋沉积物质量有了显著改善，由第三类海洋沉积物改善为第二类海洋沉积物。

2010 年，天津近岸海域沉积物质量状况总体较好，多氯联苯含量超过第一类海洋沉积物质量标准，但与上年同期相比有较大幅度的减小。大港海域沉积物中滴滴涕含量超过第一类海洋沉积物标准，其他指标未出现超标现象。

2012 年，天津近岸海域沉积物质量整体状况较好，除北部大神堂海域和天津东南部与河北省交界海域个别站位的多氯联苯含量超过第一类沉积物质量标准，达到第二类或第三类，以及大沽河入海口和北塘入海口石油类含量出现不同程度的超标，汞和铜含量达到第二类沉积物质量标准外，其他指标在各站位均符合第一类沉积物质量标准，所有监测指标年均值也都符合第一类沉积物质量标准。

2013 年夏季，海洋沉积物质量监测结果显示，海洋沉积物质量监测，结果显示，沉积物质量总体状况良好。沉积物中多氯联苯含量均超过第一类海洋沉积物质量标准，个别站位铜含量超过第一类海洋沉积物质量标准，但多氯联苯和铜含量均符合第二类海洋沉积物质量标准，其他监测指标均符合第一类海洋沉积物质量标准。

（3）生物多样性变化趋势

2009～2013 年，天津海域浮游植物多样性指数基本维持在 1.5～3，相对稳定，细胞数量高值区在春季主要分布于北塘、塘沽和大港南部海域；浮游动物多样性指数自 2011 年以来有所升高，均保持在 2 以上，春、夏季浮游动物多样性指数均处于中等水平；夏季底栖生物多样性指数呈现稳步上升的趋势，2013 年达到最高值，处于中等水平；潮间带生物多样性指数在 2011～2013 年明显升高，但光滑河篮蛤仍为该区域的绝对优势种，对潮间带生物群落结构稳定性的影响较大（图 1-3～图 1-6）。

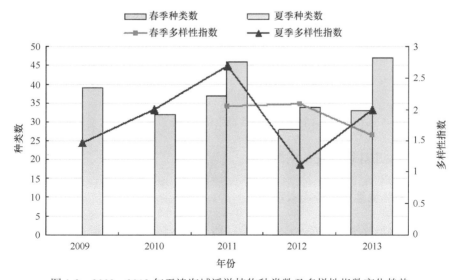

图 1-3 2009～2013 年天津海域浮游植物种类数及多样性指数变化趋势

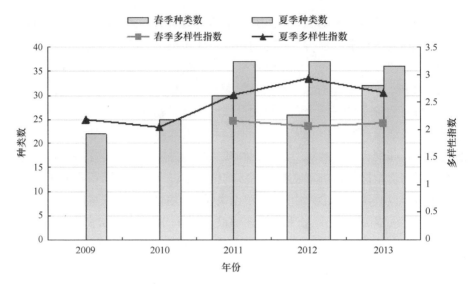

图 1-4 2009～2013 年天津海域浮游动物种类数及多样性指数变化趋势

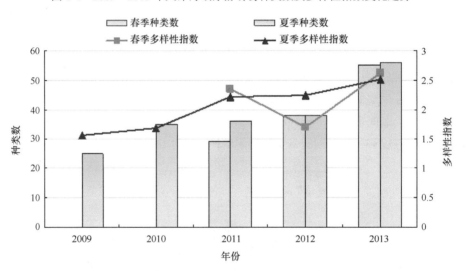

图 1-5 2009～2013 年天津海域底栖生物种类数及多样性指数变化趋势

1.4.4 海洋生态环境存在的问题

（1）海域水环境恶化趋势尚未缓解

天津海域水环境总体形势不容乐观，污染尚未得到有效控制，污染面积不断扩大，污染程度不断加重。2013 年监测结果显示，春季污染最为严重，劣于第四类海水水质标准的海域面积达 1780 km²，劣于第四类海水水质标准的海域主要分

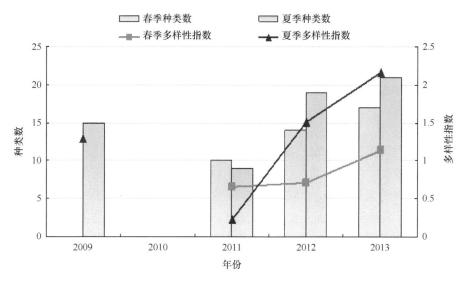

图 1-6 2009～2013 年天津海域潮间带生物种类数及多样性指数变化趋势

布在汉沽、塘沽邻近海域及大港子牙新河河口邻近海域，主要污染物为无机氮。与 2012 年相比，主要污染物种类没有大的改变，但污染范围由北塘—天津港边界向汉沽、大港及外海扩展，劣于第四类海水水质面积比例由 0% 上升至 83%，海水环境恶化趋势显著。

（2）海洋生态系统压力过大

天津海域利用多集中于近岸海域，海岸线利用率较高，用海方式多为填海造地，并以顺岸平推的方式开展，缺乏生态设计，导致滨海湿地生境逐年减少，呈破碎化趋势。围填海工程同时也改变了近岸的水动力条件，使自然栖息地环境发生了变化，环境污染造成了严重的富营养化和氮磷比失衡，部分生态过程受到影响。最新调查结果显示，与 20 世纪 80 年代相比，浮游动物种类由 55 种减少到 33 种，桡足类种类由 19 种减少到 7 种，底栖生物种类由 142 种减少到 66 种，海洋生物多样性指数偏低，生态系统结构单一，生态服务功能减弱，海洋生态系统长期处于亚健康或不健康状态。泥螺、大米草等外来物种出现零星入侵，危害局部海洋生态安全。

（3）海洋渔业资源呈衰退趋势

受海洋环境污染、过度捕捞及工业城镇化向海扩张的影响，渤海湾鱼类产卵场、索饵场和洄游通道受到不同程度的破坏，渔业资源量和品质均不乐观。渔获物的种类大幅减少，鱼类群落进入由高营养层次向低营养层次演变的过程，品质结构呈现低质化,群体结构呈现小型化、低龄化。鲈鱼、鳓鱼、牙鲆、真鲷、对虾、梭子蟹、半滑舌鳎等经济渔业资源生物量只有 20 世纪 90 年代的 29%,鱼卵、仔稚鱼的种类及密度在逐渐减少,平均体重也只有 20 世纪 90 年代的 30%,难以对渔业资源形成补充,优质鱼类资源的更新能力严重缺失。

(4)海洋环境事故风险犹存

目前天津海上交通运输、临港工业,特别是石化工业发展快速,各类海洋船舶活动显著增加,海上溢油、危险化学品泄漏等污染事故时有发生,使海洋生态环境面临较大的安全隐患。2002~2011 年天津海域共发生船舶污染事故 75 起,导致约 300 t 液体货物或船用油泄漏;2012 年天津临港经济区思多而特码头货轮发生"对二甲苯"泄漏;2006~2011 年平均每年发生两起赤潮,累计面积达 300 km^2。因此还需加强对溢油、危险化学品泄漏、赤潮等突发环境事件的风险防范能力。

2 基于指标体系方法研究天津海洋生态红线区的划定

根据天津管辖海域面临的生态环境问题（富营养化严重、自然滨海湿地面积锐减）和自然地理条件，确定生态功能重要性和生态脆弱性的评价指标体系，并通过补充调查和资料收集等方式建立相应的地理信息数据库；构建生态功能重要性和生态脆弱性综合评价模型，在对天津海域生态功能重要性指数和生态脆弱性指数进行空间分析的基础上，构建生态红线适宜性评价模型，计算基于生态功能重要性和生态脆弱性的生态红线适宜性指数；利用天津海域生态红线适宜性指数进行分等分级，确定天津海域的生态红线区。技术路线如图 2-1 所示。

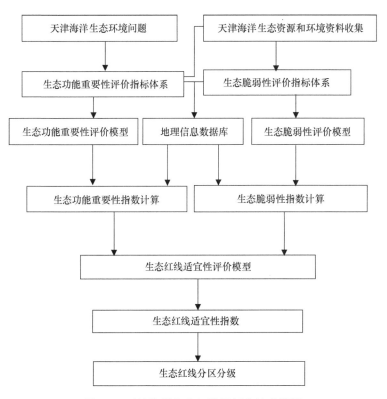

图 2-1   天津海洋生态红线区划分技术流程

2.1 海洋生态脆弱性评价

2.1.1 数据准备与处理

收集天津海域 2005 年、2010 年和 2016 年的遥感影像数据，其中 2016 年为高分辨率影像数据，结合天津海域权属数据，提取天津海域使用类型矢量数据，收集区域内各级保护区和重要湿地分布数据，以满足生态脆弱性评价的数据需要。

收集整理天津海域监控区监测数据，包括海区水环境、沉积物、浮游生物、底栖生物和潮间带生物等监测指标数据。基于沉积物全盐、有机碳、总氮、总磷重金属含量及粒度等监测数据，项目组初步分析了近岸海域沉积物环境质量空间分异特征，包括沉积物重金属铜、铅、锌、铬、汞、石油类、总碳、总氮、总磷含量等 12 个沉积物环境质量指标，为沉积物环境状况评价提供基础支撑；基于海水环境质量监测数据，初步分析了近岸海域表层水环境质量空间分异特征，包括 COD、溶解氧（dissolved oxygen，DO）、硝酸盐含量、重金属含量、污染物分布、盐度等水环境质量指标，为海水环境状况评价提供基础支撑；基于底栖生物监测数据，获得底栖生物种类组成、生物量、优势种等数据，计算出各站位的物种多样性指数（H'），为海洋生物多样性评价提供数据基础。

2.1.2 生态脆弱性评价

在进行海洋生态脆弱性评价时，项目组依据海洋生态脆弱性评价方法，并结合天津实际情况对评价指标进行了适当筛选。采用模糊综合评价方法，计算各指标的权重因子；最终利用干扰度指数模型、状态敏感性指数模型、恢复力指数模型和海洋生态脆弱性综合指数模型对天津海域进行生态脆弱性评价。

从人为干扰和自然干扰两方面考虑，项目组进行的干扰脆弱度指数计算结果显示：天津海域的干扰脆弱度整体处于较低水平，受人为干扰和自然干扰程度较低，海域东北部和东南部为不脆弱区，其余区域为低脆弱区，具体见图 2-2。

从海洋生物多样性、重要生境状态和特殊保护价值生态系统三方面考虑，项目组进行的状态敏感性指数计算结果显示：状态敏感性高脆弱区主要分布于天津海域保护区核心区域和重要湿地区域，其他大部分区域属于低脆弱区，具体见图 2-3。

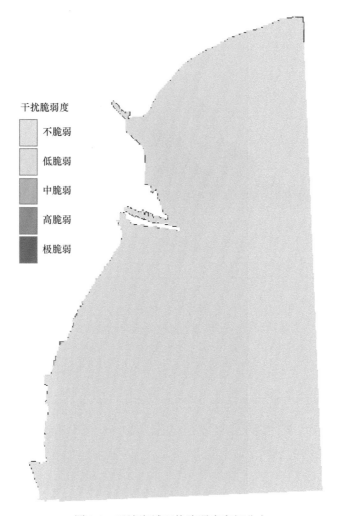

图 2-2　天津海域干扰脆弱度空间分布

恢复力脆弱性主要反映生态系统自组织、自恢复的能力，从海洋生物多样性恢复力、典型生境物种恢复力和渔业资源恢复力三方面考虑，项目组进行的恢复力指数计算结果显示：天津海域恢复力脆弱性呈现由北向南逐渐增高的趋势，恢复力高脆弱区主要位于天津海域南部和东南部，具体见图 2-4。

海洋生态脆弱性从干扰脆弱度、状态敏感性和恢复力脆弱性三方面进行评价，在此基础上通过加权求和指数模型计算综合脆弱性指数。天津海域干扰脆弱度、状态敏感性、恢复力脆弱性及综合脆弱性评价结果见图 2-5 和图 2-6。可以看出天津生态脆弱性指数中各个单项评价结果和综合评价结果的空间变异较大。生态脆弱性高的区域主要集中在海岸带附近，尤其是北部靠近大神堂牡蛎礁国家级海洋特别保护区和大神堂自然岸线区的海域。

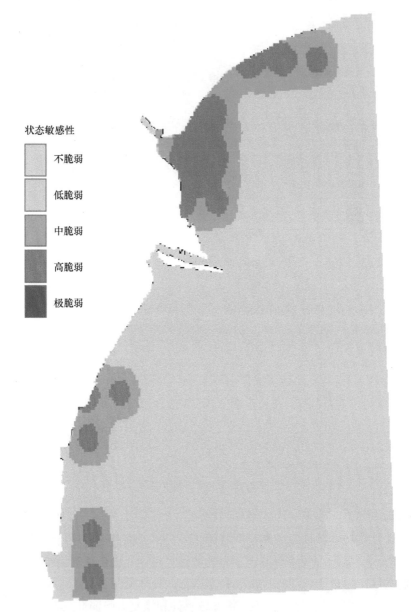

图 2-3　天津海域状态敏感性空间分布

　　生态脆弱性指数空间分布具有一定的空间划分，天津海域生态脆弱性分布以低脆弱区和中脆弱区为主，其中，中脆弱区主要分布在保护区核心区域和重要湿地区域，并能够较好地反映区域生态脆弱性现状。

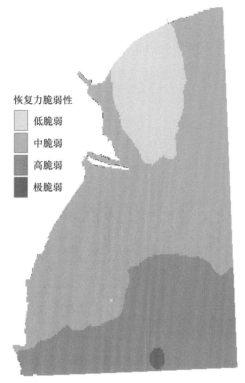

图 2-4 天津海域恢复力脆弱性空间分布

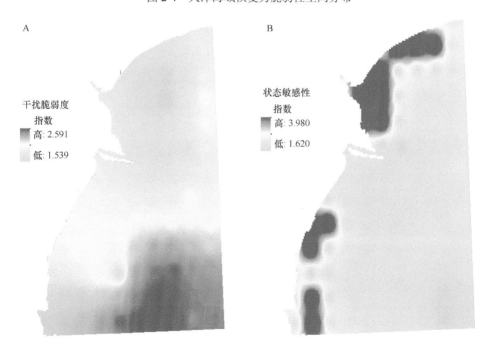

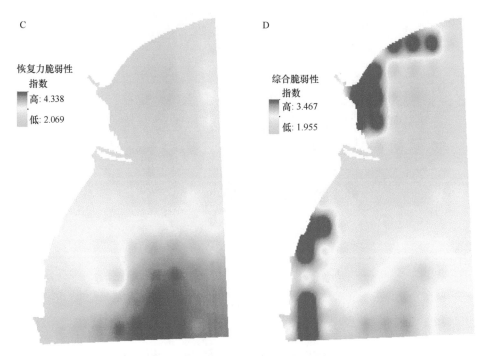

图 2-5　天津海域生态脆弱性指数空间分布

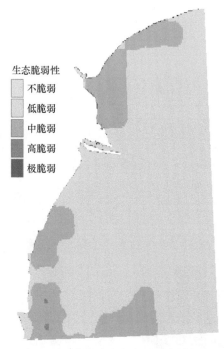

图 2-6　天津海域生态脆弱性空间分布

2.2 海洋生态功能重要性评价

2.2.1 数据准备与处理

为了对天津海域进行生态红线区划，项目组收集了空间分辨率为 30 s 的全球水深数据、空间分辨率为 4.6 km 的 2013～2015 年全球水色遥感数据［颗粒性有机碳（particulate organic carbon，POC）浓度和海水表面温度（seawater surface temperature，SST）］及海洋净初级生产力（net primary productivity，NPP）数据。另外，还收集了 2015 年 8 月天津海域海洋生物、物理和化学环境站位调查数据。浮游植物、浮游动物、底栖动物种类和生物量，悬浮物、活性磷酸盐、亚硝酸盐-氮、硝酸盐-氮、氨-氮、硅酸盐、石油类、汞、镉、铅、砷、总氮、总磷、铜、铬、硫化物、有机碳、滴滴涕+六六六含量，以及化学需氧量、粒度、粪大肠菌群总数、细菌总数、多氯联苯（polychlorinated biphenyls，PCBS）等站位数据通过 ArcGIS 空间插值工具［反距离权重（inverse distance weighted，IDW）法］生成空间分辨率为 50 m 的栅格图层，用于天津海域生态红线区划。根据天津海域管辖范围和海岸线空间信息，确定海洋生态红线区在天津海域的空间范围（region of interest，ROI）。将全球水深、SST、POC 浓度和 NPP 数据进行重采样，得到空间分辨率为 50 m 的栅格，并用天津海域范围裁剪获得天津海域水深，以及多年平均的 SST、POC 浓度和 NPP 数据，用于生态红线区划研究。

通过收集资料获得了天津海域滨海湿地空间分布图（图 2-7），并在此滨海湿地空间分布图的基础上，绘制了天津海洋生态空间分布图。另外还根据天津海域确权数据收集到了天津海域养殖用海区、渔港和海洋保护区的空间分布资料（图 2-8）。值得一提的是，在天津海域，大部分潮间带都被开发利用，淤泥质滩涂作为许多潮间带生物的栖息地，面积大幅萎缩。为保护天津海域潮间带生物多样性，淤泥质滩涂急需保护。另外，在天津海域内盐水沼泽更为稀少，已经建立保护区加以保护。

2.2.2 生态功能重要性评价

海洋生态功能重要性是划定海洋生态红线的主要依据之一，在重要的生态功能区建立生态红线，对于保护海洋重要生态功能、协调海洋资源开发和海洋生态保护之间的矛盾具有重要意义。海洋生态功能重要性评价的内容和指标体系需要根据研究区的具体情况按照因地制宜原则来确定。根据天津面临的生态环境问题

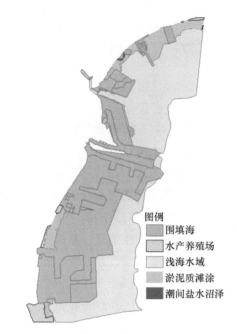

图 2-7　天津海域滨海湿地空间分布图

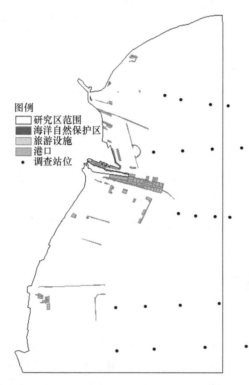

图 2-8　天津海域生态红线区划空间范围和调查站位、保护区及港口的空间分布

和自然地理状况,确定海洋生态功能重要性评价内容,包括生物多样性保护功能、渔业生产功能、水质净化功能和滨海游憩功能 4 个方面。天津海洋生态功能重要性评价指标体系和权重见表 2-1。

表 2-1　天津海洋生态功能重要性评价指标体系和权重

目标层	因素层	指标层
海洋生态功能重要性	生物多样性保护功能 0.4	物种层次 0.4	浮游植物种数
		浮游动物种数
		底栖动物种数
		浮游植物细胞数量
		浮游动物生物量
		底栖动物生物量
	生态系统层次 0.6	生态系统类型
		生境多样性
		空间位置重要性
渔业生产功能 0.3	自然环境支撑 0.8	颗粒性有机碳浓度
		鱼卵密度
		仔鱼密度
	基础设施 0.2	渔港距离
		城镇距离
水质净化功能 0.2	固碳能力 1.0	海洋初级生产力(NPP)
滨海游憩功能 0.1	自然环境 0.8	海水水质
		自然岸线距离
	社会经济 0.2	渔港距离

(1)生物多样性保护功能重要性评价

生物多样性保护功能重要性评价主要在物种和生态系统两个层次上进行。物种层次上主要考虑浮游植物、浮游动物和底栖动物的多样性及生物量指标,而生态系统层次上主要考虑生态系统类型、生态系统的空间位置重要性及生境多样性等 3 个指标。

将物种层次(EIIbiocspe)上和生态系统层次(EIIbioceco)上生物多样性保护功能重要性综合评价指数(ecological importance index for biodiversity conservation,EIIbioc)得分按照 0.4 和 0.6 的权重加权求和,计算生物多样性保护功能重要性综合评价指数。生物多样性保护功能重要性评价结果见图 2-9。

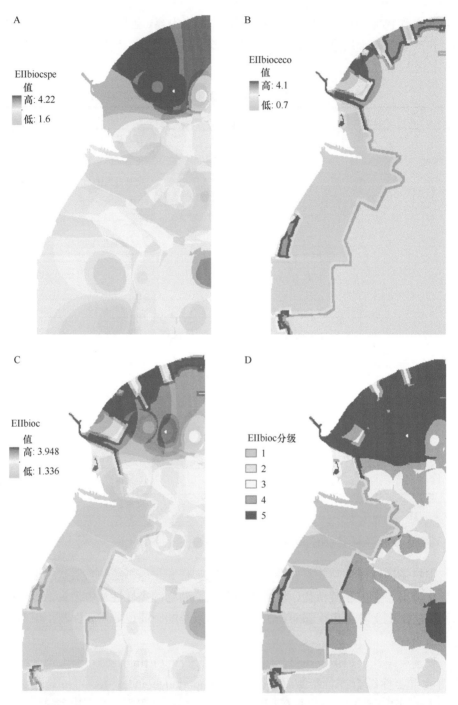

图 2-9 在物种层次（EIIbiocspe）（A）和生态系统层次（EIIbioceco）（B）上的生物多样性
保护功能重要性综合评价指数（EIIbioc）空间分布（C）及综合重要性指数分级（D）

（2）渔业生产功能重要性评价

渔业生产功能重要性评价主要考虑颗粒性有机碳浓度（用于指示饵料数量）、鱼卵密度等5个指标。叶绿素浓度和浮游植物细胞数虽然可以反映饵料对渔业生产的重要性，但考虑到单一月份的调查数据很难反映多年的平均情况，本研究用的是2013～2015年多年平均的POC浓度数据来指示饵料对渔业生产的作用。评价单元到渔港的距离可以反映基础设施对渔业生产的影响，距离渔港越近，评价单元的渔业生产功能越好。

将POC浓度、鱼卵密度、评价单元到渔业用海和渔港的距离权重分别设置为0.4、0.3、0.2和0.1，利用加权求和指数模型计算渔业生产功能重要性指数（EIIfishery），并重分类为1～5的分值，具体结果见图2-10。

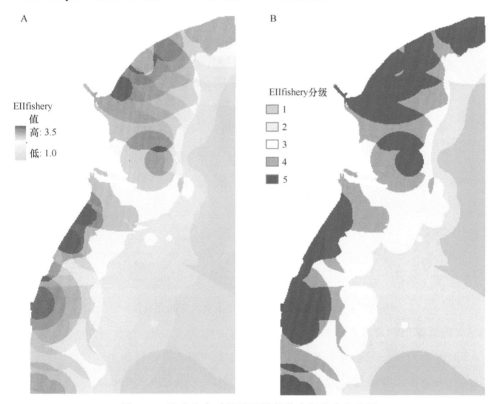

图2-10　渔业生产功能重要性指数空间分布和分级

（3）水质净化功能重要性评价

水质净化功能主要是指海洋生态系统通过光合作用吸收利用氮磷营养盐的功能。中国近海面临的主要生态环境问题就是氮磷污染严重，因此海洋生态系统的水质净化功能是海洋生态系统的一个重要服务功能。水质净化功能主要与海洋净初级生产力有关，海洋净初级生产力越高，吸收利用氮磷污染物的能力越强。因此，在天津海域主要根据 NPP 评价水质净化功能。将空间分辨率为 0.0833 度的 2013～2015 年多年平均全球 NPP 数据用天津海域的 ROI 进行裁剪，获得 NPP 空间分布图，评价单元的 NPP 值越高，表示评价单元氮磷污染物的吸收利用能力越强，水质净化功能越强。利用 ArcGIS quintile 重分类工具，将 NPP 重分类为 1～5 的数值，用来指示天津海域水质净化功能重要性（图 2-11）。

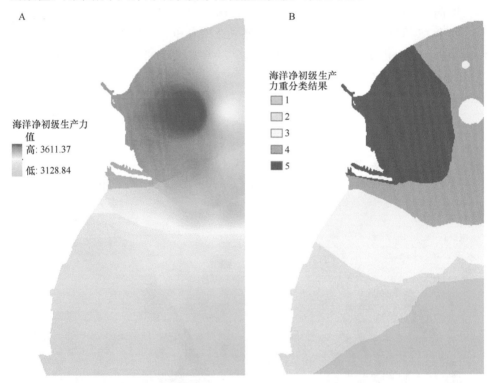

图 2-11　天津海域水质净化功能重要性空间分布和分级

（4）滨海游憩功能重要性评价

滨海游憩功能重要性主要与自然岸线有关，本研究将评价单元到自然岸线的距离作为评价滨海游憩功能的一个重要性指标。另外，水质也是影响游憩价值的一个因素，本研究用悬浮物浓度来代表水质对游憩功能的影响，悬浮物浓度越低，水越清澈，评价单元的游憩价值就越高。另外，考虑到渔港可以为滨海游憩提供重要的交通便利条件，评价单元到渔港的距离也可用于游憩功能的评价。按照评价单元到自然岸线的距离、悬浮物浓度和评价单元到渔港距离的权重分别为 0.5、0.3 和 0.2，计算综合游憩功能重要性分值（EIIrecrea），得到天津海域滨海游憩功能重要性空间分布图（图 2-12）。

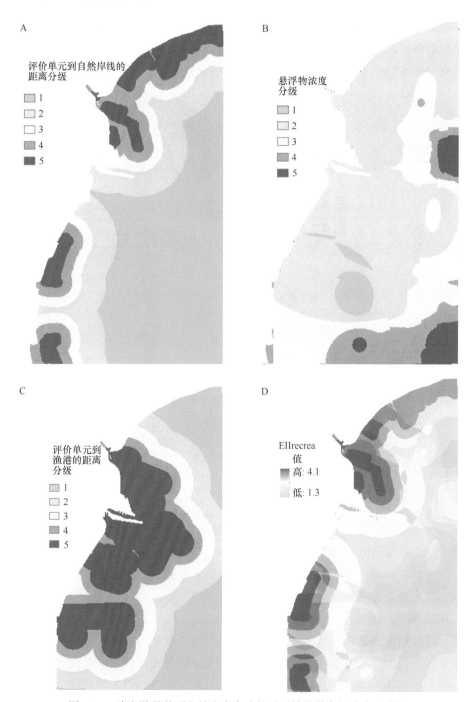

图 2-12　滨海游憩单项和综合生态功能重要性指数空间分布及分级

（5）生态功能重要性综合评价

在单项生态功能重要性评价基础上，按照生物多样性保护、渔业生产、水质净化和滨海游憩的权重分别为 0.4、0.3、0.2 和 0.1，利用加权求和指数模型计算天津海域生态功能重要性综合指数（EII），结果见图 2-13。

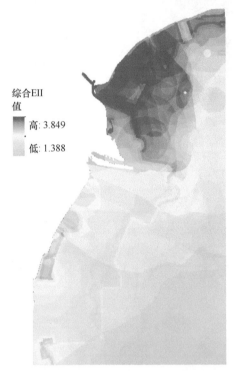

综合EII
值

高: 3.849

低: 1.388

图 2-13　天津海域生态功能重要性综合指数空间分布图

2.3　基于指标体系方法划定海洋生态红线区

将生态脆弱性评价结果（EFI）和生态功能重要性评价结果（EII）按照等权重计算生态红线适宜性指数，结果见图 2-14。天津海域的生态红线适宜性指数在 1.547～3.863 波动，生态红线适宜性指数高值区主要分布在靠近海岸带的海域，而低值区主要分布在南部远离海岸带的海域。

将海洋生态红线适宜性指数采用等面积比例方式分为 5 级，其中等级为 4 和 5 的海域被划为生态红线区，等级为 5 的被设置为禁止开发红线区，而等级为 4 的被设置为限制开发红线区。利用等面积比例分级方式可以保证红线区的面积占总海域面积的 40% 以上，而禁止开发红线区的面积在 20% 以上。具体分级结果及围填海空间分布见图 2-15。

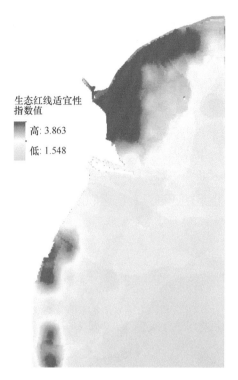

图 2-14 生态红线适宜性指数空间分布图

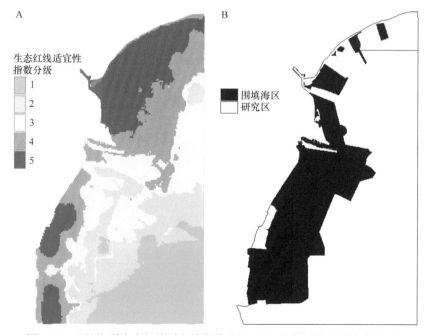

图 2-15 天津海洋生态红线适宜性指数分级（A）和围填海空间分布（B）

　　以上生态红线区划结果的依据主要是自然环境条件，而对现有开发现状没有充分考虑，实际上许多红线区已经开发，这意味着最终的生态红线区还需要根据现状进行调整。将围填海区域从红线区划的结果中去除，获得最终的生态红线分区，其中禁止开发红线区和限制开发红线区占天津海域的面积比例分别是 11.8% 和 12.3%，二者面积比例之和达到 24.1%，符合生态红线区划面积比例要求。由图 2-16 看出，海洋红线禁止开发区主要分布在淤泥质滩涂上，这与在进行生态红线适宜性评价时强调自然岸线保有率有关。天津海岸带开发强度大，滩涂面积锐减，对生物多样性保护不利。另外，自然岸线分布区也是滨海旅游的重要场所，滨海游憩功能重要性高也是禁止开发红线区和限制开发红线区主要分布在天津北部沿海海域的原因。

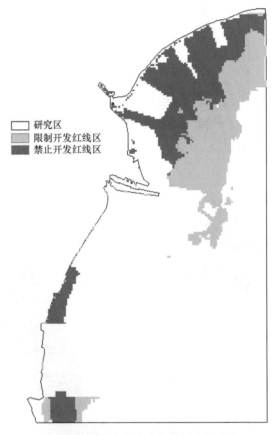

图 2-16　天津海洋生态红线区空间分布

坐标系：北京 1954 坐标系；投影：墨卡托投影

3 天津海洋生态红线区的识别与确定

在基于指标体系方法划定天津海洋生态红线区的基础上，结合国家海洋局发布的《渤海海洋生态红线划定技术指南》，综合考虑海洋生态环境评估结果和海洋行政管理需要，开展天津海洋生态红线区的识别与确定。具体步骤包括：①分析海洋生态功能区、敏感区和脆弱区的分布情况；②海洋生态红线区的识别；③海洋生态红线区范围的确定；④海洋生态红线区与海洋功能区划及相关规划的协调性分析；⑤海洋生态红线区的确定。

3.1 海洋生态功能区、敏感区和脆弱区的分布情况

首先，以天津实际管辖海域为识别区域范围，以显著的海洋生态系统特点或海洋资源为识别单元，确定区域内的重要海洋生态功能区、敏感区和脆弱区分布情况。

依据天津海洋功能区划成果、海域使用权属及海洋资源环境分布等基础信息资料，明确天津海域内海洋生态功能区、敏感区和脆弱区的分布情况，共计 13 个区域，主要包括入海河口、滨海湿地、海岛、海洋保护区、自然景观与历史文化遗迹、重要滨海旅游区、重要渔业海域、自然岸线等类型。天津海域内海洋生态功能区、敏感区和脆弱区分布的具体情况如下。

3.1.1 入海河口

（1）北塘入海口

北塘入海口紧靠市区北侧，是海河流域北系四河（永定河、北运河、潮白河、蓟运河）的共同入海通道。1971 年经人工开挖，永定河与潮白新河汇流，汇流后下游河段称永定新河，在三河岛北端与蓟运河汇合，向下称为北塘水道，在北塘附近入渤海湾。除大汛年份外，永定新河、蓟运河与潮白新河的径流量很小，枯水年几乎无径流下泄。因此，北塘水道（包括未建闸的永定新河下游河道，以及蓟运河闸下河段）长期受潮汐水流控制，泥沙强烈冲淤。

（2）海河入海口

海河是我国七大江河水系之一，海河口位于滨海新区天津港南疆港区，是承泄海河流域永定河、大清河系部分洪水的入海尾闾，也是海河流域防洪工程的重点。海河河口呈喇叭形，由海河闸、左右岸线及排泥场围堤组成。海岸为淤泥质，潮汐为半日潮型，平均潮差约 3.0 m，最大可达 5.0 m。河口区长期接受黄河和海河带来的大量泥沙，逐渐形成河口三角洲。

（3）独流减河入海口

独流减河是天津一条重要的行洪河道和南部防洪的重要防线，位于天津南部，入海河口位于滨海新区南部，是大清河系入海尾闾通道，是引泄大清河和子牙河洪水直接入海的人工河道。

3.1.2　滨海湿地

天津大港滨海湿地位于大港马棚口海岸线以东，南港工业区以南，津冀南线以北，主要保护海涂湿地与浅海生态环境、重要经济动物贝类增殖地、海涂湿地及浅海生物多样性基因库。

3.1.3　海岛

天津三河岛是天津海域唯一的海岛，位于滨海新区北塘区域，因地处永定新河、潮白河、蓟运河交汇入海处而得名。总面积为 2.9 hm^2，岛长 270 m，岛最宽处达 138 m。三河岛的保护性改造工程依托其丰富的历史文化内涵和独特的三角洲湿地风貌的资源优势，按照两大核心主题设计，建设鸟类栖息湿地和炮台历史遗址公园。

3.1.4　海洋保护区

天津海域内已建成的海洋保护区为天津大神堂牡蛎礁国家级海洋特别保护区，位于天津滨海新区汉沽大神堂以南海域，主要保护浅海生态环境、底栖生物增殖地和浅海生态生物多样性基因库。天津大神堂及其周围海域分布着迄今发现的我国北方纬度最高的现代活牡蛎礁，也是天津沿海平原唯一的现生活牡蛎礁体，具有重要的生态服务功能和特殊保护价值。

3.1.5 自然景观与历史文化遗迹

大沽口炮台历史文化遗迹，位于海河南治导线以南，临港经济区一期成陆区以北。大沽口炮台遗址被国务院正式确定为全国重点文物保护单位，又以"海门古塞"之誉被评为"津门十景"之一，并被确定为天津市爱国主义教育基地。

3.1.6 重要滨海旅游区

（1）天津滨海航母主题公园

天津滨海航母主题公园位于滨海新区汉沽岸段蛏头沽村与高家堡子村之间的八卦滩，占地面积为 5.57 km²，是以"基辅"号航空母舰为核心，集军事国防、现代科技、休闲娱乐、培训拓展等于一体的大型军事主题公园。公园内的"基辅"号航母是苏联"基辅"级航母的首制舰，是曾经举世瞩目的海上巨无霸，长 273.1 m，宽 52.8 m，高 61 m，共 17 层。

（2）北塘旅游休闲娱乐区

北塘旅游休闲娱乐区包括滨海新区永定新河口彩虹大桥以内全部岸线所围成的区域，含三河岛。利用现状为北塘渔业风情休闲观光旅游用海，面积为 2.57 km²。

（3）东疆东旅游休闲娱乐区

东疆东旅游休闲娱乐区位于滨海新区天津港东疆港区以东，面积约为 11.33 km²，属于休闲观光旅游用海，依托东疆港区东外堤，现建设有景观生态步道和公众亲水岸段，养护人工沙滩，浴场水域维持开放式属性。

（4）高沙岭旅游休闲娱乐区

高沙岭旅游休闲娱乐区位于滨海新区塘沽岸段高沙岭附近，原海滨浴场及以东范围内，岸段长度约为 2.6 km，面积约为 27.46 km²，适宜旅游娱乐用海，适度兼容公务、游艇码头用海。

3.1.7 重要渔业海域

天津汉沽重要渔业海域位于滨海新区汉沽大神堂外海域，是扇贝、红螺等贝类的主要栖息场所，资源量丰富。近年来，天津水产部门在此设置了人工鱼礁，这里具备较好的海底底质条件，承载力达 8～10 t/m²，有利于浅海形成生态鱼礁群，营造出小型海洋人工生态系统，为鱼、虾、贝、藻类等水生动植物提供觅食、产卵繁殖及生长发育的场所；而且靠近天然的活牡蛎礁区，适合开展人工鱼礁建设，并可以辅助天然活牡蛎礁发挥生态作用。

3.1.8 自然岸线

天津大神堂自然岸线位于天津北部区域，海岸类型为典型的粉砂、淤泥质、缓慢淤积型海岸，为土质海挡。开发现状为天津大神堂村及洒金坨村养虾池，大神堂村养虾池除滩涂养殖外，没有任何工业设施或围填海工程占用岸线，自然岸线属性显著。

3.2 天津海洋生态红线区的识别

生态红线区的识别是红线区确定的关键和基础，通过对上述 13 个重点生态功能区、脆弱区和敏感区的所属功能区、保护目标、开发现状、开发利用规划及生境状况等 5 个方面开展对比分析，以确定天津海洋生态红线区（表 3-1）。

表 3-1 天津海洋生态红线区的识别

序号	区域名称	所属功能区	保护目标	开发现状	开发利用规划	生境状况	红线识别
1	天津大神堂自然岸线	大神堂保留区	自然岸线	天津大神堂村及洒金坨村养虾池，大神堂村养虾池	无	海岸类型为典型的粉砂、淤泥质、缓慢淤积型海岸；为土质海挡，除滩涂养殖外，没有任何工业设施或围填海工程占用岸线，自然岸线属性显著	是
2	天津大神堂牡蛎礁国家级海洋特别保护区	汉沽浅海生态系统海洋特别保护区	活牡蛎礁区及其生态系统	底播增养区	无	天津活牡蛎礁聚集区域，生境良好，有椭圆形沙岗三道，为活牡蛎生存所依托底质环境。同时远离天津港港口区，受人类活动影响较小	是
3	天津汉沽重要渔业海域	汉沽农渔业区	浅海生态鱼礁群	人工鱼礁	无	扇贝、红螺等贝类的主要栖息场所，资源量丰富，生境良好。受人类活动影响较小	是
4	天津滨海航母主题公园	滨海旅游休闲娱乐区	滨海旅游资源	公园码头腹地、公园旅游海域、公园人工岛	《天津市滨海新区城市总体规划》《天津市空间发展战略规划》等	主题公园是在汉沽浅滩上人工修改而成的，人为景观资源多，自然景观资源少，目前还处于建设期	否
5	天津三河岛	北塘旅游休闲娱乐区	三河岛生态系统	三河岛修复整治	《天津滨海新区城市总体规划》《天津市空间发展战略规划》等	位于永定新河、蓟运河、潮白新河交汇处，属于典型的河口淤积型岛屿，近年来拟修复海岛生态滩涂及植被环境	结合"天津北塘旅游休闲娱乐区"一并考虑

序号	区域名称	所属功能区	保护目标	开发现状	开发利用规划	生境状况	红线识别
6	北塘入海口	天津港北港港口航运区	河口生态系统	方德集团有限公司拆船分公司港池、北塘渔港	《天津滨海新区城市总体规划》《天津市空间发展战略规划》《天津港总体规划》等	是永定新河、蓟运河、潮白新河汇集入海处，同时也是天津城区、塘沽城区市政污水入海口，还面临天津港人类活动影响，水质污染严重，生境破碎度高	否
7	东疆东旅游休闲娱乐区	东疆东旅游休闲娱乐区	滨海旅游资源	东海岸一期人工海滩、东海岸一期防波工程、东海岸人工海滩陆域配套工程	《天津滨海新区城市总体规划》《天津市空间发展战略规划》《天津港总体规划》等	为新建人造景观，沙源需要采用人工方式补充	否
8	大沽口炮台历史文化遗迹	大沽口炮台旅游休闲娱乐区	历史遗迹资源	滨海格赛斯贸易基地	《天津滨海新区城市总体规划》《天津市空间发展战略规划》	位于海河入口的上游，面临天津港和临港工业区开发与运行的双重压力，天津市政污水通过其下方的大沽排污河入海，生境污染较严重	否
9	海河入海口	天津港北港港口航运区	河口生态系统	天津港南疆系列码头、临港工业区系列码头	《天津滨海新区城市总体规划》《天津市空间发展战略规划》《天津港总体规划》等	入海口上方建有专门的闸门，入海水源得不到保障，大沽排污河在此处汇集入海，入海口两边为天津港南疆港区和临港工业区港池、码头、航道，人类活动频繁，河口生境受到破坏	否
10	高沙岭旅游休闲娱乐区	高沙岭旅游休闲娱乐区	滨海旅游资源	第一扬水站	《天津滨海新区城市总体规划》《天津市空间发展战略规划》	为人造旅游景观，自然景观资源稀少，同时左右两侧紧邻临港经济区和南港工业区开发，面临的生境压力大	否
11	北塘旅游休闲娱乐区	北塘旅游休闲娱乐区	滨海旅游资源	北塘渔业风情休闲观光旅游	《天津滨海新区城市总体规划》《天津市空间发展战略规划》	两条河流的入海口，河口湿地生态系统显著；重要的滨海旅游区，且包括天津市唯一的海岛，拟修复海岛生态滩涂及植被环境，形成鸟类及贝类栖息地	是
12	独流减河入海口	天津港南港港口航运区	河口生态系统	大港电厂取水口、防波堤，进水渠排泥场，南港工业区北防波堤、码头、港池、航道等	《天津滨海新区城市总体规划》《天津市空间发展战略规划》《天津南港工业区总体发展规划》	为独流减河入海口，左侧为大港电厂取、排水口，右侧为新开发的天津南港工业区的码头、航道和港池区域，生境受温排水和化工污染双重压力。人类活动影响强度高	否
13	天津大港滨海湿地	大港滨海湿地海洋特别保护区	滨海湿地生态系统	马棚口一村养虾池	无	位于天津南部区域，为天津泄洪区，除少量养殖池外，没有工业设施和工业污口，受人类活动影响较小，湿地生境显著	是

通过上述分析可以看出：①天津大神堂牡蛎礁国家级海洋特别保护区是 2012 年刚建立的国家级海洋特别保护区，其保护对象为活牡蛎礁及其周边生物多样性，区域内生境良好；②天津汉沽重要渔业海域是扇贝、红螺等贝类的主要栖息场所，资源量丰富，生境良好，同时区域内设置了人工鱼礁，有利于浅海形成生态鱼礁群，为鱼、虾、贝、藻类等水生动植物提供觅食、产卵繁殖及生长发育的场所，且靠近天然的活牡蛎礁区，可辅助天然活牡蛎礁发挥生态作用；③天津大港滨海湿地是天津典型的湿地生态系统，蓝色的海洋生态屏障；④北塘旅游休闲娱乐区是重要的滨海旅游区，河口湿地生态系统显著，且包括天津市唯一的海岛，拟修复海岛生态滩涂及植被环境，形成鸟类及贝类栖息地；⑤天津大神堂自然岸线海岸类型为典型的粉砂、淤泥质、缓慢淤积型海岸，为土质海挡，除滩涂养殖外，没有任何工业设施或围填海工程占用岸线，自然岸线属性显著。同时，该 5 处区域均远离天津五大海洋产业集聚区，受人类开发活动影响较小。因此，该 5 处区域适合作为天津海洋生态红线区。

3.3 天津海洋生态红线区范围的确定

依据《渤海海洋生态红线划定技术指南》，海洋生态红线区范围的界定应根据生态完整性、维持自然属性，便于保护生态环境、防治污染、控制建设活动及管理需要进行确定。海洋生态红线区范围的确定应至少满足以下要求之一。

1）海洋保护区的生态红线区范围为海洋自然保护区或海洋特别保护区的范围。

2）重要河口生态系统的生态红线区范围依自然地形地貌分界范围而确定。

3）重要滨海湿地的生态红线区范围为自岸线向海延伸 3.5 n mile 或−6 m 等深线内的区域。

4）重要渔业海域的生态红线区范围为重要渔业资源的产卵场、育幼场、索饵场和洄游通道范围。

5）特殊保护海岛的生态红线区范围为自特殊保护海岛及其海岸线至−6 m 等深线或向海 3.5 n mile 内围成的区域。

6）自然景观与历史文化遗迹的生态红线区范围为自自然景观与历史文化遗迹及其海岸线向海扩展 100 m 的区域。

7）重要滨海旅游区的生态红线区范围为自重要旅游区向海扩展 100 m 的区域。

8）重要砂质岸线及邻近海域的生态红线区范围为自砂质岸滩高潮线至向陆一

侧的砂质岸线退缩线（高潮线向陆一侧 500 m 或第一个永久性构筑物或防护林），以及向海一侧的最大落潮位置围成的区域。

9）沙源保护海域的生态红线区范围为自高潮线至向陆一侧的砂质岸线退缩线（高潮线向陆一侧 500 m 或第一个永久性构筑物或防护林），以及向海一侧的波基面围成的区域。

3.3.1　大神堂牡蛎礁国家级海洋特别保护区

根据生态完整性、维持自然属性等需要，确定天津大神堂牡蛎礁国家级海洋特别保护区生态红线区为该保护区的全部范围，面积为 34.00 km²，其中重点保护区面积为 16.30 km²，生态与资源恢复区面积为 8.70 km²，适度利用区面积为 9.00 km²。

3.3.2　汉沽重要渔业海域

根据生态完整性、维持自然属性，以及便于保护生态环境、防治污染和控制建设活动及管理需要，综合考虑市政府最新批复的《天津市近岸海域环境功能区划》，其中一类近岸海域环境功能区"汉沽海洋特别保护区"范围包括海洋保护区和人工鱼礁修复区，最终确定天津汉沽重要渔业海域范围为四面围绕天津大神堂牡蛎礁国家级海洋特别保护区，向北接连大神堂滩涂湿地，向东接连津冀海域勘界线北线，向南以"汉沽海洋特别保护区"西南至点为起点，沿中心渔港航道平行线延至北塘港区主航线位置，该平行线距离中心渔港航道中心线约 700 m，向西距离牡蛎礁特别保护区约 700 m，此范围的确定有利于为鱼、虾、贝、藻类等水生动植物提供觅食、产卵繁殖及生长发育的场所，形成生态鱼礁群；同时连接了天津大神堂湿地与保护区，有利于天津北部生态红线区的统一保护与管理；且距离中心渔港航道线和港区航道线较远，受航道线的影响较小。该区域的面积为 76.43 km²。

3.3.3　大港滨海湿地

根据生态完整性、维持自然属性等需要，确定天津大港滨海湿地生态红线区为自"大港滨海湿地海洋特别保护区"功能区向东平行延伸至津冀海域勘界线南线外沿（约−6 m 等深线），向南全面延伸至津冀海域勘界线南线段，包含马棚口农渔业区。该区域面积为 106.37 km²，岸线长度为 9.69 km。

3.3.4 北塘旅游休闲娱乐区

根据生态完整性、维持自然属性等需要，确定天津北塘旅游休闲娱乐区的生态红线区为永定新河口彩虹大桥以内全部岸线所围成的区域，含三河岛。该区域面积为 2.57 km²。

3.3.5 大神堂自然岸线

根据生态完整性、维持自然属性等需要，确定天津大神堂自然岸线生态红线区为天津大神堂岸段，西面邻接北疆电厂，东面与河北省交界，岸线采用市政府批复的海岸线修测数据，岸线长度为 8.94 km，区域范围自岸线向海一侧延伸 50 m，面积为 0.42 km²。

3.4 天津海洋生态红线区与海洋功能区划及相关规划的协调性分析

依据《渤海海洋生态红线划定技术指南》，应分析拟定海洋生态红线区与已发布的天津海洋功能区的协调性，判断是否符合其用途管制要求、用海方式控制要求及环境保护要求，是否能够确保该区域的生态保护重点目标安全要求，是否符合该区域的生态功能。分析拟定生态红线区与海洋环境保护规划的协调性，以及与已发布的国家主体功能区规划、沿海地区发展战略规划、海洋经济发展规划等国家级战略性规划的协调性，判断生态红线区是否与国家性战略规划的空间布局和产业布局要求相协调。

3.4.1 与海洋功能区划的协调性分析

1）根据《天津市海洋功能区划（2011—2020 年）》，天津大神堂自然岸线区域所在的功能区为大神堂保留区与岸线的连接部分。大神堂保留区是为保留海域后备空间资源而划定的，目的是在区划期限内限制海域的开发。该区划提出的管理要求为：加强管理，区划期限内限制开发，严禁随意开发，确需改变海域自然属性进行开发利用的，应首先修改本区划，调整保留区的功能，并按程序报批；海洋环境质量应维持在不劣于现状的水平。

2）大神堂牡蛎礁国家级海洋特别保护区所在的功能区为汉沽浅海生态系统海

洋特别保护区。汉沽浅海生态系统海洋特别保护区是为保护区建设用海而划定的区域。该区划提出的管理要求为：保障海洋保护区用海，兼容渔业资源增殖养护，禁止改变海域自然属性，禁止开放式以外的其他用海方式；重点保护和恢复泥质活牡蛎礁浅海生态系统，加强水质监测，海水水质不劣于二类标准，海洋沉积物质量和海洋生物质量不劣于一类标准。

3）汉沽重要渔业海域所在的功能区为部分汉沽农渔业区。汉沽农渔业区的管理要求为：重点恢复青蛤、牡蛎、多毛类资源和经济鱼种，恢复红螺扇贝和活体牡蛎礁资源，保障鱼虾贝产卵场的生态环境。海水水质不劣于二类标准，海洋沉积物质量和海洋生物质量不劣于一类标准；油气勘探开采和航道用海应预防污染事故，保证农渔业区的海洋环境质量管理要求。

4）北塘旅游休闲娱乐区所在的功能区为北塘旅游休闲娱乐区。管理要求为：保障北塘渔业风情休闲观光旅游用海，禁止大规模填海造地，允许小规模构筑物形式的旅游和渔业基础设施，保护海岛自然岸线，开展三河岛整体整治和修复，修复海岛生态滩涂及植被环境，形成鸟类、贝类栖息地。严禁破坏性开发活动，妥善处理生活垃圾。

5）大港滨海湿地所包含的功能区为大港滨海湿地特别保护区、马棚口农渔业区和天津东南部农渔业区部分区域，大港滨海湿地特别保护区的用海类型是保障海洋保护区用海，兼容渔业资源增殖养护和海底电缆管道用海，禁止新建排污口；严格限制改变海域自然属性，渔业基础设施依托陆域空间，渔船停靠、避风水域维持开放；逐步整治河口区域潮间带形态，保障防洪治理管理要求，禁止在青静黄和北排河治导线范围内建设妨碍行洪的永久性建、构筑物，保障行洪排涝安全。重点保护滨海湿地、贝类资源及其栖息环境，恢复滩涂湿地生态环境和浅海生物多样性基因库；加强环境监测，海水水质不劣于二类标准，海洋沉积物质量和海洋生物质量不劣于一类标准；油气电缆管道等用海活动应保证海洋特别保护区的环境质量管理要求。两个农渔业区的管理要求为重点保护近海水生生物的产卵场和洄游生物种群，恢复中国对虾、三疣梭子蟹、经济鱼种及贝类资源；中东部海域扩大梭鱼、经济贝类等渔业资源的增殖。油气开采、航道、电缆管道等用海活动应保证农渔业区的海洋环境质量管理要求。

根据《天津市海洋功能区划（2011—2020 年）》的管理要求，拟划定的 5 处生态红线区符合其用途管制要求、用海方式控制要求及环境保护要求，能够确保该红线区的生态保护重点目标安全要求，符合该区域的生态功能。

3.4.2　与天津市"十二五"规划的协调性分析

《天津市国民经济和社会发展第十二个五年规划纲要》(简称天津市"十二五"规划)提出要加快推进滨海新区的开发开放,加快构筑高水平现代产业体系,加快确立北方国际航运中心和国际物流中心地位,同时加快建设生态宜居城市。形成以滨海新区核心区为中心,汉沽和大港城区为两翼,中新生态城和北塘新城区等为补充的城镇体系。建设和完善官港及北塘等森林公园,修复湿地和海岸带生态系统。改善海河下游河口生态环境。坚持陆海统筹,合理开发利用海洋资源,积极发展海洋经济,提高海洋综合管理能力。

根据该规划要求,为确立以塘沽岸段为主的港口区的北方国际航运中心地位,仍需存在大量的人类开发活动,不宜作为生态红线区来禁止或限制开发活动。而汉沽和大港作为两翼,结合修复湿地及海岸带生态系统等措施,可选择其适当的区域作为生态红线区加以管控。

3.4.3　与天津市海洋"十二五"规划的协调性分析

《天津市海洋经济和海洋事业发展"十二五"规划》(简称天津市海洋"十二五"规划)提出要优化海洋事业布局,形成"一带五区两场三点"的海洋空间发展布局,其中"两场"为汉沽北部海域和大港南部海域,重点通过人工放流、设立人工鱼礁和建立海洋特别保护区等措施,恢复海洋生态环境,增加海洋经济鱼类种类。加强海洋环境保护,加快海岸生态修复和防护林体系营造,积极开展人工海岸生态湿地重建工作,搞好潮间带、浅海的生态环境系统和动植物资源的保护。建立海岸生态隔离带或生态保护区,加强入海流域水土保持及综合整治示范工程建设。

拟定的海洋生态红线区位于汉沽北部海域和大港南部海域,即"两场"内的海域,对生态红线区加以管控与适度修复,与此规划能很好地衔接。

3.5　天津海洋生态红线区的确定

从基于指标体系方法划定海洋生态红线区的结果来看,所划定的红线区主要位于天津汉沽近岸海域和大港近岸海域。根据生态红线区的识别及其与功能区和相关规划的协调性分析,最终确定的海洋生态红线区包括:①天津大神堂牡蛎礁国家级海洋特别保护区;②天津汉沽重要渔业海域;③天津大港滨海湿地;④天津北塘旅游休闲娱乐区;⑤天津大神堂自然岸线。

4 天津海洋生态红线区的监测与评价

大量陆源污染物排入海洋，造成沿海水域水质恶化，对海洋生态环境造成了严重损害。根据《2014 年中国海洋环境状况公报》，近岸局部海域海洋环境污染严重，河流排海污染物总量居高不下，陆源入海排污达标率仅为 52%。《2014 年天津市海洋环境状况公报》显示，天津大神堂牡蛎礁国家级海洋特别保护区水质一般，水中主要超标物质为活性磷酸盐和无机氮，其中全部站位的活性磷酸盐含量均超过第二类水质标准，66.7%站位的无机氮含量超过第二类水质标准；2014 年通过对天津主要排污口进行监测，结果表明陆源排放物达标比例较低。

为实现 2020 年天津海域生态红线区水质达标率不低于 80%的目标，提高海洋环境质量，改善陆源入海污染现状，急需加强海洋生态红线区的跟踪监视监测。按照《全国生态脆弱区保护规划纲要》提出的"预防为主，保护优先"的基本原则和"以科学监测、合理评估和预警服务为手段"，通过建立海洋生态红线区在线监测系统，在天津海洋生态红线区开展了多种监测手段相结合的监测与评估，包括船基监测、岸基自动化监测、浮标原位监测和现场取样实验室分析等。

依据海洋环境管理部门对节省人力资源，维护简单快捷、高效和大范围自动监测技术的需求，设计海洋生态红线区监测系统，该系统由海洋水质现场连续监测系统、海洋水质监测浮标和数据中心组成。2015 年和 2016 年在天津大神堂牡蛎礁国家级海洋特别保护区和汉沽重要渔业海域（以下简称大神堂海洋红线区）开展了系统的示范运行，将自主研发的海洋水质现场连续监测系统搭载于民用船舶，完成了多个航次的大神堂海洋红线区水质船载走航监测；在永定新河入海口用于岸基监测；将浮标布放到大神堂海洋红线区的牡蛎礁附近，原位监测重点区域的水质状况。

在线监测系统运行的同时，对多个固定站位海洋水质进行取样，依据《海洋监测规范 第 3 部分：样品采集、贮存与运输》（GB 17378.3—2007）、《海洋调查规范 第 4 部分：海水化学要素调查》（GB-T 12763—2007）和《海水水质标准》（GB 3097—1997）等标准及规范，对采集的水样进行检测。针对天津海洋生态红线区位置距离岸边较近、陆源排污口对生态红线区影响较大的状况，对天津附近海域（汉沽、塘沽、大港区域）的主要入海河流及排污口水质状况进行调查检测。利用获取的在线和人工监测数据分别对水质状况进行评估，对污染源的扩散方式进行分析。

通过建立海洋生态红线区在线监测系统，将生态浮标布放到重点区域，在重点排污口布设岸基监测站，在有代表性的航线和高频次运营的民用船上安装船基监测系统，使高频率、大范围和精细的海洋水质监测成为现实。在线监测系统建成发挥功能后，可与常规人工海洋水质监测、遥感和海事通报机制等现有海洋监测手段相互支持。将获取的数据结合基础流场、风场和地理信息系统，通过云平台大数据分析实现对海洋生态红线区实时、动态的监督管理，对溢油及赤潮灾害暴发等事故进行分级预警，为天津海洋生态红线区的保护和治理及海洋环境突发事件的应急处理提供客观依据和技术支持。

4.1　大神堂海洋生态红线区情况概述

大神堂红线区位于天津滨海新区汉沽大神堂村南部海域，地处天津滨海开发带与京津冀经济圈的连接点，是天津和东北、华北地区联系的重要通道，也是天津滨海新区的重要组成部分。大神堂海洋红线区包括大神堂牡蛎礁国家级海洋特别保护区，面积约为 34.00 km²，汉沽重要渔业海域面积为 76.43 km²。该海域生物多样性丰富，是牡蛎、扇贝和红螺等海洋生物的栖息场所，也是渤海湾唯一的牡蛎和栉孔扇贝栖息地，该区域现存的牡蛎礁是迄今发现的我国北方纬度最高的现代活体牡蛎礁，具有优越的浅海生态环境，是底栖生物的良好增殖地和典型浅海生态生物多样性的基因库，对维护周围海域的生态功能具有重要作用。

该海区春、夏两季主要以东南风为主，秋季以西南风为主，冬季以东北风为主；海面大气压在冬季较高，在夏季较低，平均值约差 2700 Pa；春、冬两季有效波高较高，平均为 0.7 m 左右，夏、秋两季有效波高较低，平均在 0.4 m 左右；波向与各季节风向基本一致。天津近岸潮流性质为正规半日潮，潮流运动为往复流形式。与历史资料相比较，流速有减小趋势，而且流速普遍较弱，这样不利于该海域的水体交换，会影响泥沙的输运。近岸的海底地形较平缓，水深由近岸向湾内逐渐加深，等深线基本与海岸线平行[1]。

大神堂村位于天津沿海最东边，据说是天津至今仍保持传统打鱼作业的唯一的渔村。沐浴着津门第一曙光的村民，民风善良，热情纯朴，依托着村里的神港进行着打鱼捕捞，保留着传统的生活习惯（图 4-1）。

　　大神堂村神港码头停靠着多艘渔船，岸上堆放着一堆一堆的贝类壳体，码头内和附近水域水质混浊。图 4-2 是大神堂村神港附近海域水质及科研人员采集水样和现场监测的照片。

图 4-1　神港渔业码头

图 4-2　神港附近水质及科研人员采集水样和现场监测

　　大神堂红线区沿岸附近有盐场、电厂、风电场、海产品加工厂和高速公路，建有渔业码头，北疆电厂位于距离红线区约 3 km 处，图 4-3 是沿岸场地设施照片。

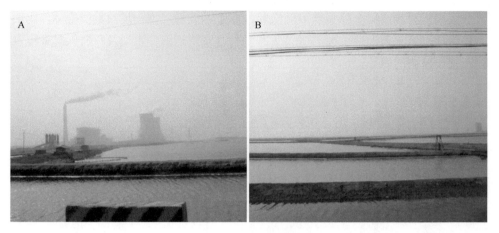

图 4-3 北疆电厂及盐场蒸发池

4.2 大神堂海洋生态红线区国家标准水质检测与评估

参照《海洋监测规范》(GB 17378—2007)、《海洋调查规范》(GB-T 17763—2007)和《海水水质标准》(GB 3097—1997)等标准及规范,对海洋水质进行取样、检测及水质状态评估。

4.2.1 站位布设

依据前期现场勘测调研获取的资料,并参照历年来海洋环境监测工作执行情况,依据《海洋监测规范》要求中样品采集、贮存与运输的相关规定,开展监测站位的布设。采样的主要站点应合理地布设在环境质量发生明显变化或有重要功能用途的海域。因此对牡蛎礁海洋特别保护区和汉沽重要渔业海域采取大面站观测的方式。考虑排污口的污染扩散对保护区和湿地的影响,对从排污口到保护区的海域按扇形布站方式进行站位布设,一条断面约布设 3 个站点;牡蛎礁海洋特别保护区布设 5 个点,其中边界位置 4 个点,中心位置一个点;渔业海域监测站点按照 1 个/20 km² 的密度进行均匀布设。本次调查站布设情况如图 4-4 所示。

4.2.2 现场取样和检测

2015 年 4～7 月,分别于设计站位采取表层水样,样品分析方法如表 4-1 所示。

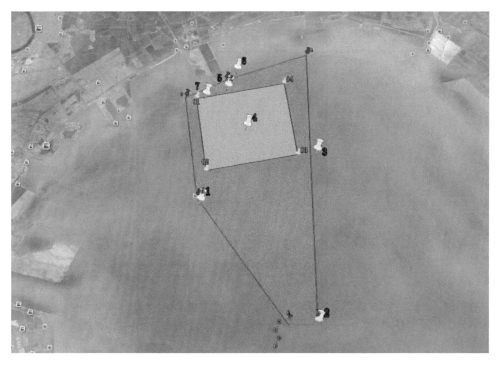

图 4-4　大神堂牡蛎礁海洋特别保护区和汉沽重要渔业海域调查站位的布设

表 4-1　海水样品分析方法

编号	要素	检测方法
1	pH	《海洋监测规范 第 4 部分：海水分析》（GB 17378.4—2007），26 pH 计法，83～88
2	溶解氧	《海洋监测规范 第 4 部分：海水分析》（GB 17378.4—2007），31 碘量法，99～101
3	浑浊度	《海洋监测规范 第 4 部分：海水分析》（GB 17378.4—2007），30.3 分光光度法，98～99
4	叶绿素	《海洋监测规范 第 7 部分：近海污染生态调查和生物监测》（GB 17378.7—2007），8 叶绿素 a 的测定
5	温度	《海洋调查规范 第 2 部分：海洋水文观测》（GB/T 12763.2—2007），5 水温观测
6	盐度	《海洋调查规范 第 2 部分：海洋水文观测》（GB/T 12763.2—2007），6 盐度测量
7	无机磷	《海洋监测规范 第 4 部分：海水分析》（GB 17378.4—2007），39.1 磷钼蓝分光光度法，117～119
8	硝酸盐	《海洋监测规范 第 4 部分：海水分析》（GB 17378.4—2007），38.1 镉柱还原法，115～117
9	氨	《海洋监测规范 第 4 部分：海水分析》（GB 17378.4—2007），36.1 靛酚蓝分光光度法，109～111
10	亚硝酸盐	《海洋监测规范 第 4 部分：海水分析》（GB 17378.4—2007），37 萘乙二胺分光光度法，113～115
11	硅酸盐	《海洋监测规范 第 4 部分：海水分析》（GB 17378.4—2007），17.2 硅钼蓝法，59～60
12	总磷	《海洋调查规范 第 4 部分：海水化学要素调查》（GB/T 12763.4—2007），14 总磷测定
13	总氮	《海洋调查规范 第 4 部分：海水化学要素调查》（GB/T 12763.4—2007），15 总氮测定
14	石油类	《海洋监测规范 第 4 部分：海水分析》（GB 17378.4—2007），13.2 紫外分光光度法，44～45

编号	要素	检测方法
15	COD	《海洋监测规范 第4部分：海水分析》（GB 17378.4—2007），32 碱性高锰酸钾法，101～103
16	铅	《海洋监测规范 第4部分：海水分析》（GB 17378.4—2007），7.1 无火焰原子吸收分光光度法，15
17	铜	《海洋监测规范 第4部分：海水分析》（GB 17378.4—2007），6.1 无火焰原子吸收分光光度法，10～12
18	锌	《海洋监测规范 第4部分：海水分析》（GB 17378.4—2007），9.1 火焰原子吸收分光光度法，19～21
19	镉	《海洋监测规范 第4部分：海水分析》（GB 17378.4—2007），8.1 无火焰原子吸收分光光度法，17
20	铬	《海洋监测规范 第4部分：海水分析》（GB 17378.4—2007），10.1 无火焰原子吸收分光光度法，22～24
21	砷	《海洋监测规范 第4部分：海水分析》（GB 17378.4—2007），11.1 原子荧光法，26～28
22	汞	《海洋监测规范 第4部分：海水分析》（GB 17378.4—2007），5.1 原子荧光法，2～4

4.2.3 数据分析方法

（1）数据计算方法

A. 超标率

各海域超标率为各海域测站超标个数与该海域总测站个数的比值，即测站超标率（%）＝超标测站数/测站总数×100。

B. 算术均值

一组实测数据的算术均值公式为

$$X_s = \frac{1}{n}\sum_{i=1}^{n} X_i \tag{4-1}$$

式中，X_s 为算术均值，X_i 为实测值。

C. 环境质量指数

污染程度随实测浓度的增加而加重的指标物公式为

$$P_i = C_i / S_i \tag{4-2}$$

污染程度随实测浓度的增加而减少的指标物（溶解氧）公式为

$$P_i = \frac{1}{C_i / S_i} \tag{4-3}$$

pH有其特殊性，标准值为7.8～8.5，因此取平均值8.15为 C_0，计算公式为

$$P_i = \frac{|C_i - Co|}{C_\perp - Co} \qquad (4\text{-}4)$$

式中，P_i 为某测站或海区 i 指标物的污染指数，C_i 为某测站或海区 i 指标物的实测浓度（即缓冲均值），S_i 为 i 指标物的标准值，$C_\perp$ 为 pH 评价上限限值。

D. 单项污染因子

将每一个测站中各项污染因子的实测浓度与海水水质标准比较，判断该测站所代表的海域的水质类别。判别依据是选取污染最重的污染物水质类别为该测站所代表的海域的水质类别（表 4-2）。

表 4-2 各污染指标污染程度划分

P_i	<0.50	0.50～1.00	1.00～1.50	1.50～2.00	>2.00
污染程度	允许	影响	轻污染	污染	重污染

（2）引用评价标准

水质评价参照《海水水质标准》（GB 3097—1997）。根据功能区划要求，特别保护区和养殖用海的水质要求为不低于二类，又根据相关要求，天津海域生态红线区内实施严格的水质控制措施，至 2020 年海水水质达标率不低于 80%，在本次评价中，所有检测项目均参照二类水质标准进行分析（表 4-3）。

表 4-3 海水水质标准

项目	一类	二类	三类	四类
SS*/（mg/L）	人为增加的量 ≤10	人为增加的量 ≤10	人为增加的量 ≤100	人为增加的量 ≤150
pH	7.80～8.50	7.80～8.50	6.80～8.80	6.80～8.80
DO/（mg/L）>	6.00	5.00	4.00	3.00
COD/（mg/L）≤	2.00	3.00	4.00	5.00
无机氮含量/（mg/L）≤	0.200	0.300	0.400	0.500
活性磷酸盐含量/（mg/L）≤	0.015	0.030	0.030	0.045
Pb 含量/（mg/L）≤	0.001	0.005	0.010	0.050
Cu 含量/（mg/L）≤	0.005	0.010	0.050	0.050
Hg 含量/（mg/L）≤	0.000 05	0.000 2	0.000 2	0.000 5
Zn 含量/（mg/L）≤	0.020	0.050	0.100	0.500
Cd 含量/（mg/L）≤	0.001	0.005	0.010	0.010
石油类含量/（mg/L）≤	0.050	0.050	0.300	0.500

*SS 为 suspended solids 的缩写。

4.2.4 大神堂海洋生态红线区水质评估

（1）水质达标率分析

以二类海水为参照标准，采用上述方法计算各监测要素的污染指数（P_i）。当 $P_i \leqslant 1.0$ 时，海水质量符合标准；当 $P_i > 1.0$ 时，海水质量超过标准。同时，测站达标率（%）=达标测站数/测站总数×100，依此计算该海域的水质达标率。为考察各指标的具体达标情况，对各个要素分别计算二类水质达标率。

如表 4-4 所示，综合 4 次调查监测结果，无机氮达标率均在 80%以下，pH、DO 和磷酸盐各有一个航次的达标率低于 80%。因此无机氮是大神堂保护区海域的主要污染物，其次是 pH、DO 和磷酸盐。

表 4-4   大神堂海域水质达标率统计

项目	二类水达标率/%			
	4 月	5 月	6 月	7 月
pH	100	100	57.14	100
DO	100	71.43	100	100
无机氮	28.57	14.28	28.57	57.14
磷酸盐	100	100	100	71.43
COD	100	100	85.71	85.71
石油类	100	100	100	100
砷	100	100	100	100
汞	100	100	100	100
铅	100	100	100	100
铜	100	100	100	100
镉	100	100	100	100
总铬	100	100	100	100

（2）各站位污染程度分析

以二类海水为参照标准，采用上述方法计算各监测要素的污染指数（P_i），按照表 4-3 的划分，重点考察 pH、DO、无机氮、磷酸盐和 COD 的污染程度。如表 4-5 所示，1 号站位 4 月航次的无机氮监测结果呈重污染状态，3 个要素的 8 个站位呈污染状态。

表 4-5　大神堂海域主要污染物的污染程度

站位	检测时间	pH	DO	无机氮	磷酸盐	COD
1	4 月	影响	允许	重污染	允许	轻污染
	5 月	轻污染	影响	轻污染	影响	影响
	6 月	允许	允许	影响	允许	影响
	7 月	影响	允许	允许	允许	影响
2	4 月	允许	允许	污染	允许	影响
	5 月	影响	影响	轻污染	允许	允许
	6 月	影响	允许	允许	影响	污染
	7 月	影响	影响	允许	允许	轻污染
3	4 月	影响	允许	影响	允许	影响
	5 月	影响	轻污染	轻污染	影响	允许
	6 月	允许	影响	轻污染	影响	影响
	7 月	影响	影响	影响	允许	影响
4	4 月	允许	允许	轻污染	允许	影响
	5 月	允许	轻污染	影响	影响	影响
	6 月	允许	允许	轻污染	影响	影响
	7 月	影响	允许	允许	允许	影响
5	4 月	允许	允许	允许	允许	影响
	5 月	影响	污染	污染	允许	允许
	6 月	轻污染	影响	影响	影响	影响
	7 月	影响	影响	影响	轻污染	影响
6	4 月	允许	允许	允许	允许	影响
	5 月	影响	污染	污染	影响	影响
	6 月	轻污染	影响	影响	允许	允许
	7 月	影响	影响	影响	轻污染	影响
7	4 月	允许	允许	允许	允许	影响
	5 月	允许	污染	污染	影响	允许
	6 月	轻污染	影响	影响	影响	影响
	7 月	轻污染	允许	允许	轻污染	影响

（3）主要氮、磷污染物分析

　　根据历史数据统计及本任务中 4 个航次的监测结果，我们发现大神堂海域内的主要污染物为氮和磷，图 4-5 为无机氮、磷酸盐、总氮、总磷监测数据。由图 4-5 可见，随着季节的变化和站位的不同，上述污染要素呈现相对比较规律的变化。随着季节由春季到夏季的变化，氮、磷含量总体上呈现增加趋势；而 4 号站位处于保护区的中心位置，多数情况下氮、磷监测数据在本航次所有监测站位中处于较低水平，5 号、6 号、7 号站位离岸较近，监测数值相对偏高。

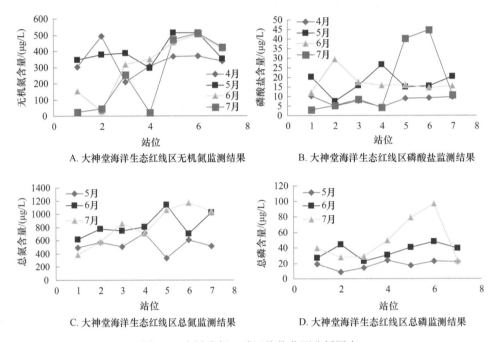

A. 大神堂海洋生态红线区无机氮监测结果　　　B. 大神堂海洋生态红线区磷酸盐监测结果

C. 大神堂海洋生态红线区总氮监测结果　　　D. 大神堂海洋生态红线区总磷监测结果

图 4-5　大神堂氮、磷污染物监测分析图表

4.2.5　国家标准水质监测结论

综合上述 4 个航次的监测数据，大神堂海洋红线区内主要污染物为无机氮和磷酸盐。4 个航次中无机氮达标率均在 80% 以下，pH、DO 和磷酸盐各有一个航次的达标率低于 80%；同时，无机氮、无机磷、总氮和总磷的含量随站位和季节变化呈现较为规律的变化。

4.3　大神堂海洋生态红线区在线监测与评估方法

4.3.1　海洋生态红线区监测系统总体方案

国家海洋局印发的《关于建立渤海海洋生态红线制度若干意见》，提出 2020 年重点完成的第四个方面的工作是"大力推进红线区监视监测和监督执法能力建设"。与陆地生态红线区相比，海洋生态红线区分布广、范围大，依然采用以人工监测为主的手段，无法及时准确地掌握海洋生态红线区的环境变化、应对突发环

境污染事件。依据海洋环境管理部门对节省人力资源，维护简单快捷、高效和大
范围自动监测技术的需求，通过以水质测量仪器为核心，综合应用机械设计、计
算机软件、自动控制和无线通信技术的应用创新，构建了由海洋水质现场连续监
测系统、海洋水质监测浮标及数据中心组成的海洋生态红线区在线监测系统（图
4-6）。初步形成实时、动态、立体化的监视监测体系，建立信息共享平台，实施
对海洋生态红线区的监视监测。

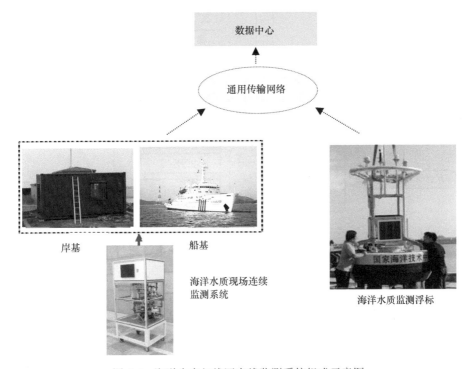

图 4-6　海洋生态红线区在线监测系统组成示意图

　　海洋水质现场连续监测系统在船基应用可实现大范围时空海洋水质监测；在
岸基布放可用于固定站点的长期或短期应急海洋环境监测。通过采用互联网技术，
可与国家海洋环境保护生态背景数据网络平台联网，实施数据信息共享，构建全
国海洋生态红线区监测网络。

4.3.2　海洋水质现场连续监测系统

　　海洋水质现场连续监测系统由水质测量仪器、海水自动采样和分配管路、数
据采集控制计算机和通信单元等部分组成（图 4-7）。

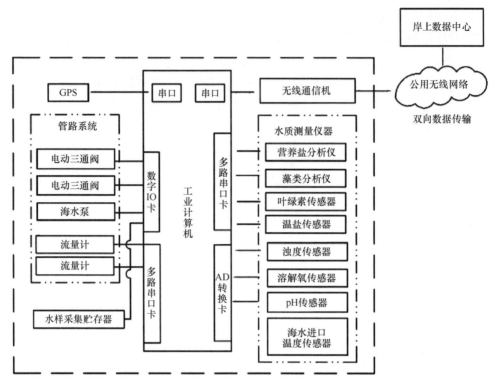

图 4-7　海洋水质现场连续监测系统组成图

数字 IO 卡：数字输入输出卡；AD 转换卡：模拟到数字量转换卡

　　水质测量仪器包括水温、盐度、浊度、溶解氧、pH、叶绿素传感器、营养盐分析仪和藻类分析仪。系统采用流动式测量原理，具有水样的自动采集和分配、多种参数水质快速测量、数据存储和无线数据传输等功能，实现了无人值守自动运行。系统的软、硬件接口具有可扩展性，可依据监测需求扩展更多的测量仪器，如芳香烃（水中油）传感器和藻类分析仪等。海水自动采集和分配管路设有海水泵、流量计、过滤器、控制阀等部件（图 4-8，图 4-9）。系统可进一步增加水样采集贮存器的配置，用于定时采集水样并低温保存，在定期取回实验室后可对无法现场在线检测的参数进行检验。

　　海洋水质集成监测系统具有连续水样采集、水质参数快速测量和数据无线传输等功能，可无人值守自动运行。在系统启动后，首先巡查电动阀的开启状态，然后依次启动海水采样和水质测量流程。海水采样流程为：通过采水单元将海水泵入系统内部管路，海水中的悬浮颗粒和水藻等大颗粒的物质被过滤，消泡装置将气泡排出。在工控机的控制下，系统自动为各个水质测量仪器分配水样。同时检测管路流量和蓄水罐中的液面位置，采集水质传感器测量的海水水质参数，记

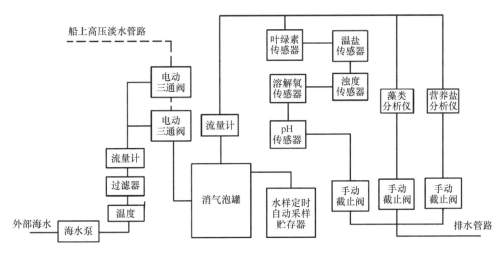

图 4-8　海水采样和自动分配管路组成原理图

图 4-9　海洋水质集成监测系统样机

录地理位置信息，记录时间和系统电压等信息，并可定时将测量数据无线发回岸上数据中心（表 4-6）。

表 4-6　海洋水质集成监测系统技术指标

测量参数	测量范围	测量准确度
水温/℃	0～35	±0.05
盐度	0～35	±0.1
pH	0～14	±0.2

续表

测量参数	测量范围	测量准确度
溶解氧/（mg/L）	0～15	±0.3
浊度	0～1000 NTU	±2 NTU 或读数的±5％，取其中较大者
亚硝酸盐含量	2～100 μg/L	±4 μg/L 或读数的±10%，取其中较大者
硝酸盐含量	7～1000 μg/L	±7 μg/L 或读数的±10%，取其中较大者
磷酸盐含量	3～100 μg/L	±4 μg/L 或读数的±10%，取其中较大者
铵盐含量	15～1000 μg/L	±10 μg/L 或读数的±10%，取其中较大者

4.3.3　海洋水质监测浮标系统

浮标由浮标体、系留系统、传感器、数据采集系统、供电系统、安全报警和通信系统等部分组成（图 4-10）。通过搭载不同类型的传感器，可以完成对气象、水质和水文参数的长期、连续、自动监测，并可通过北斗卫星导航系统、码分多址/通用分组无线业务（code-division multiple access/general packet radio service，CDMA/GPRS）等通信系统将测量数据实时传输到数据采集控制系统（图 4-11）。浮标配有航标灯、雷达反射器、助航标志和避雷针，为浮标在海上安全运行提供保证。水质浮标可布放到有代表性的位置，开展有针对性的离岸定点连续监测。

图 4-10　海洋水质监测浮标

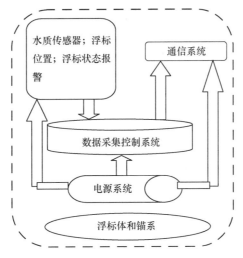

图 4-11 海洋水质监测浮标组成原理图

设计浮标体总高 3.7 m、直径 2 m、型深 0.55 m、排水量≤1 t，工作方式为 24 次/天（每小时采集一次，整点发送），必要时可加密工作（表 4-7）。

表 4-7 海洋水质监测浮标测量技术指标

项目	测量范围	准确度
风速	1～60 m/s	0.5 m/s 或读数的 5%
风向/（°）	0～360	±10
气压/10^2Pa	800～1100	±1
气温/℃	−20～50	±0.30（20）
相对湿度/%	0～100	±3
水温/℃	0～35	±0.05
盐度	8～35	±0.2
溶解氧/（mg/L）	0～20	±0.3
pH	2～14	±0.2
浊度	0～1000 FNU	±2 FNU 或读数的±5%，取其中较大者

4.3.4 数据中心

依据海洋生态红线区水质监测系统的总体规划，设计数据中心主要由数据采集传输系统、数据库系统、数据分析与应用系统和网络服务系统四部分组成，组成框图如图 4-12 所示。

数据中心负责来自海水水质现场连续监测系统及原位水质浮标的数据传输接收、数据分析与应用和产品分发，并可集成到天津海洋生态红线区管理信息系统。

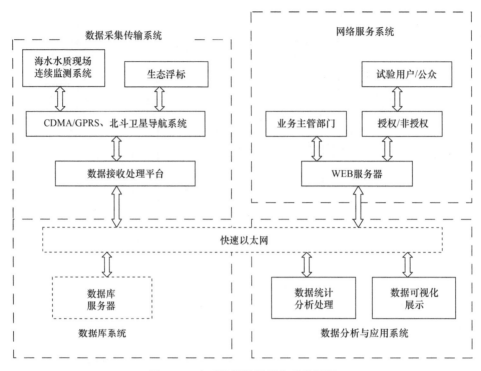

图 4-12　水质监测数据采集系统框图

数据的传输可以实现对现场的监测数据以统一的格式、标准的协议方式进行传输，传输的数据包括：各监测系统传输到数据中心的观测数据和状态数据；数据中心对各监测系统的控制命令数据。

4.3.5　海洋水质现场连续监测系统示范运行

2015 年 5～9 月，项目组将系统搭载于民用船舶，开展了 5 个航次的大神堂海洋红线区水质船载走航监测，监测参数包括 pH、溶解氧、浊度、温度、盐度等常规水质五参数，以及亚硝酸盐、硝酸盐、氨氮、磷酸盐、硅酸盐含量等 5 项营养盐参数。

船载走航监测航行路线如图 4-13 所示，从天津塘沽区的中心渔港出发，沿生态红线区的外围近岸向东航行，到达生态红线区东北角后，向南航行至最东南端，然后折返到红线区的中心地带，再航行至红线区的南端，最后到达外围的东南端，航线覆盖了整个大神堂海洋红线区。

整个夏季船载监测地点的天气状况除 5 月 27 日风浪较大，海况近 3 级外，其余航次海况均较好，7 月 23 日第四航次的前一天发生过一次降雨过程（图 4-14）。

图4-13　海洋水质调查站位和航线图

A. 航行中的监测船舶　　　　　　　　　　B. 系统调试

图4-14　船载系统搭载民用船舶开展现场监测照片

在船载监测过程中我们发现,大神堂海洋生态红线区物种丰富,有众多的鱼类、贝类和海鸟,偶然会看到灰海豚跃出水面。走航过程中观察到许多海洋生态现象,5月27日发现海表面有粉红色藻类,6月25日发现海表面有大量的浒苔,7月23日发现海中有成群的漂流水母,8月27日发现了大面积的深褐色水团(图4-15)。当船航行到大神堂渔业区附近,可以看到当地渔民在该海区布放了密集的养殖网箱,有很多的渔船来往作业,可见整个海洋生态红线区渔业资源丰富,是渔业的高产区(图4-16)。

A. 5月27日的粉红色藻类　　　　　　　　　　B. 6月25日海面的绿色浒苔

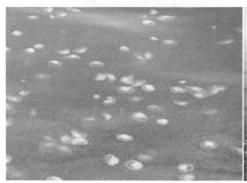

C. 7月23日大量水母出现　　　　　　　　　　D. 8月27日深褐色的水团

图 4-15　走航监测过程中发现的海洋生态现象

A. 海面上的网箱　　　　　　　　　　　　　　B. 海上作业的渔船

图 4-16　海面的网箱和渔船

2015 年 4～6 月，海洋水质集成监测系统在天津永定新河入海口进行了现场连续监测（图 4-17）。该地点海水最低潮位距离海洋水质集成监测系统垂直落差为 4 m 左右。系统潜水泵通过缆绳牵引布放，沿堤坝斜坡滑入海水中。岸基监测验证了系统在应急情况下的快速现场布设能力。

A. 系统调试

B. 岸基监测

C. 水泵布放

D. 退潮后的安装点

图 4-17　海洋水质集成监测系统岸基监测现场

2015 年五航次船载和 3 次岸基海洋水质监测过程中，系统整体运行稳定，达到了预期的功能和技术性能，总共获取了 3000 组数据。

2016 年 6～10 月系统搭载于长期在大神堂海洋红线区作业的渔船，在天津大神堂海洋生态红线区周边开展了 9 次无人值守水质监测，获得了有价值的常规水质和叶绿素参数沿航线的监测数据。

4.3.6　海洋水质监测浮标示范运行

2015 年 9 月 8 日海洋水质监测浮标在天津滨海新区汉沽中心渔港鲤鱼门码头进行了现场整机拷机，完成浮标布放，布放点位于北纬 38°07.053′、东经 117°56.030′。图 4-18 背景中的海上平台是天津市海洋局建立的大神堂牡蛎礁守护平台。

图 4-18　码头拷机（A）与浮标布放（B）

4.3.7　船载走航监测数据分析

（1）监测数据沿航线地理分布分析

2015 年 5 月 27 日搭载船舶的航行路线覆盖了大神堂海洋生态红线区海域，从船舶起航到返回，连续测量了该海区海水的温度、盐度、pH、溶解氧（DO）和浊度（图 4-19）。

沿航线数据分布图表明，海水温度和盐度垂直于等深线变化，离岸边越远，温度越低，盐度越高。生态红线区西南部测出的海水浊度数值较高，可能是由于西南部靠近天津港、永定新河和海河入海口，河流入海带来的泥沙导致水体比较浑浊。近岸 DO 数值较低，远离岸边则有逐渐增高的趋势。分析温度、盐度、DO、pH 和浊度航线变化图还可清楚地看到，在大神堂海洋红线区北部近岸海区，与周边相比，有温度、盐度、浊度偏高，DO 和 pH 偏低的现象，这可能受北部电厂排出的废水影响，也可能是受其他排污口排出的污水影响。

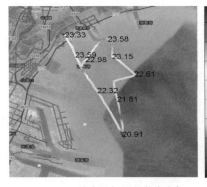

A. 海水温度（℃）沿航线分布

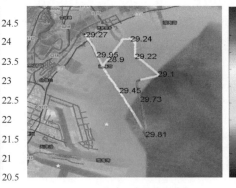

B. 海水盐度沿航线分布

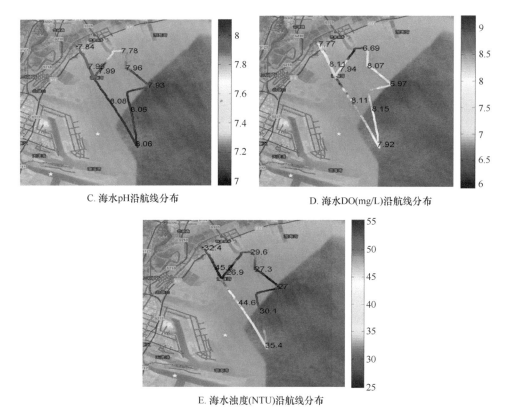

C. 海水pH沿航线分布　　　　　　　　　　D. 海水DO(mg/L)沿航线分布

E. 海水浊度(NTU)沿航线分布

图4-19　海水温度、盐度、pH、D0和浊度沿航线分布图

（2）监测数据随季节变化分析

　　通过将 2015 年五航次获取的海水温度、盐度、DO、pH 和浊度的数据进行汇总分析，可以得到 5～8 月海水水质常规五参数的变化规律。大神堂海洋生态红线区春季海水的温度较低，夏季 6～8 月海水的温度逐步升高，8 月海水平均温度最高，海表面水温变化范围在 25～29℃，适合广温性藻类的生长。盐度在五六月较低，七八月较高，与本年度七八月缺少降雨、天气炎热、海表面水分挥发较快有关。5 月海域的 pH 较高，夏季的海水 pH 变化不明显，七八月变化趋势基本一致，5 月较高的原因在于春夏相交的时期为海河流域的枯水期，与入海径流量较少有关。5 月的海洋生态红线区风浪较大，导致海洋中的溶解氧较高，到了 6～8 月，气温较高，溶解氧整体背景数据较低，但处于海洋生态红线区牡蛎礁附近的浮游生物密集水团具有光合作用，使溶解氧数据在该海域波动较大。天津近岸海域为缓坡地形，风浪会将较浅的海底泥沙卷起，导致近岸海水比较浑浊，浊度较高，而海洋生态红线区整体的海水浊度适中。

总体而言，夏季天津海洋生态红线区海水温度适宜，盐度和 pH 稳定，适合多种海洋生物的繁衍，是该地区具有良好的生态多样性、渔业资源丰富的原因。

（3）监测数据随年度变化分析

通过对年度监测数据进行比较，我们发现从 2016 年 8 月开始海区的平均 pH 比 2015 年要高，可能是因为 2016 年降雨量远超 2015 年，陆源污染导致大神堂海洋生态红线区藻类丰盛，使海水 pH、叶绿素含量和溶解氧呈现显著的正相关，和盐度呈负相关。

（4）水质富营养化监测数据综合分析

2015 年 8 月 3 日开展的大神堂海洋红线区水质监测航次，监测参数为常规五参数和营养盐含量。监测数据表明，该区域附近永定新河、潮白河和蓟运河的排污，造成海洋生态红线区近岸海水的富营养化（氨氮和活性磷酸盐含量偏高）。随着监测水域逐渐远离近岸，监测船航行到生态红线区大神堂牡蛎礁（生态红线核心区）附近，监测人员观察到成片的深褐色海水，同时监测系统显示溶解氧数值快速升到 16 mg/L。天津市海洋局发布《天津近岸海域赤潮监控预测简报〔2015〕8 号》，内容包括：9 月 2 日监测结果显示，浮游植物优势种密度较大，多环旋沟藻最高密度为 44.2×10^4 个/L（接近赤潮发生基准密度多环旋沟藻为 50×10^4 ind./L）。常规的监测结果佐证了上述观测到的现象，表明这片海域出现了浮游生物密集增殖现象。溶解氧数据出现尖峰形态的原因在于，白天大量浮游植物的光合作用使海水中溶解氧大增。同时光合作用消耗富营养化污水带来的大量氨氮和活性磷酸盐，造成这两个指标的显著下降。光合作用消耗大量的二氧化碳和氢离子，使该水域的 pH 略微上升。浮游生物的过度进食及牡蛎排泄物降解过程产生了较多的亚硝酸盐，数据显示船航行到牡蛎礁附近时，海水中的亚硝酸盐含量逐步上升[2]。

2015 年 8 月航次发现的这一现象表明，夏季的天津大神堂海洋生态红线区存在自净化机制，较高的净初级生产力对降低污染物质在海水中的聚集，保持这一海区的生态平衡发挥了重要的作用。如果在八九月海水继续保持富营养化，则生态环境会失衡，发生赤潮的概率会大大增加，对海洋生态红线区的生态环境将产生不利的影响。

（5）水质浮标监测数据分析

2015 年 9 月 10 日上午 10 点开始，浮标布放地点的风速开始加大，平均风速达 7~8 m/s，气温逐步下降，湿度逐渐加大，气压和水温逐渐降低，当地可能发生了一次降雨过程。海水中的溶解氧最高仅为 1.8 μg/L，如果浮标上的溶解氧传感器测量数据准确，表明浮标布放地点的天气变化，使海水中的溶解氧显著下降。还有一种可能是发生了局部赤潮，这可以验证 8 月 27 日航次船载海洋水质现场连续监测系统观察到深褐色水团，测量到溶解氧数值急剧上升，是局部赤潮爆发的先兆，天气的变化加剧了这一过程[3]。

4.3.8 海洋生态红线区在线监测评估

（1）在线监测数据质量控制

采用同一或不同的仪器测量同一水样，对测得的数据进行比对，不仅能反映仪器的性能，而且也是考察在线监测数据准确性的一种方法。在同一个站位，通过海洋水质集成监测系统进行测量，得到监测系统测量值；同时将另一套多参数水质仪直接放入水中，测量得到温度、盐度、pH、溶解氧和浊度的仪器测量数据，并使用采水器进行人工采水，将该样品直接和营养盐自动分析仪连接，进行测量，得到亚硝酸盐、硝酸盐、铵盐、硅酸盐和磷酸盐含量的仪器测量数据。

根据 2015 年 5 月 27 日海试所得数据，温度数据不仅变化趋势一致，而且具有很好的相关性，相关系数达到 98.08%；盐度数据趋势一致，但存在一定的系统误差，测量数据相关性为 89.95%；pH 测量数据基本一致，相关性为 69.84%；溶解氧和浊度测量数据变化趋势一致，但存在较大的系统误差。

对比亚硝酸盐、硝酸盐、硅酸盐、磷酸盐含量的曲线可知：亚硝酸盐和硝酸盐含量测量数据接近，且具有非常好的相关性，相关系数分别达到 99.29% 和99.01%；铵盐含量部分数据存在偏差，但相关性较好，达到 91.61%；硅酸盐含量变化基本一致，但仍存在一些偏差，相关系数为 85.77%；磷酸盐含量变化趋势一致，相关性达到 88.81%。

（2）在线监测法水质评估

如表 4-8～表 4-11 所示，在 2015 年 5 个航次的监测数据表明，大神堂海洋生态红线区 pH 达标率依次为 100%、88.24%、66.31%、64.96%；溶解氧达标率分别为 100%、82.35%、31.75%、80%；无机氮含量和活性磷酸盐含量达标率，分别为100% 和 1.43%。无机氮含量在 6 月航次的达标率为 29.41%，在 7 月和 8 月航次的达标率均为 0；活性磷酸盐含量在 6 月、7 月和 8 月的达标率分别为 41.18%、80%、16.67%。采用国标法对无机氮含量和活性磷酸盐含量数据进行评价，6 月无机氮含量达标率为 28.57%，活性磷酸盐含量达标率为 100%。

表 4-8 大神堂海洋生态红线区海水质量监测及分析结果（pH 和溶解氧）

时间	pH			溶解氧/（mg/L）		
	范围	均值	二类达标率/%	范围	均值	二类达标率/%
2015.05.27	7.94～8.31	8.16	100	5.98～8.72	7.63	100
2015.06.25	7.72～8.38	8.1	88.24	4.05～9.66	6.32	82.35
2015.07.23	7.66～8.1	7.88	66.31	2.29～6.33	5.07	31.75
2015.08.27	7.64～8.37	7.93	64.96	4.61～15.71	7.81	80

表 4-9 大神堂海洋生态红线区海水质量监测及分析结果（无机氮和活性磷酸盐含量）

时间	无机氮含量/（mg/L）			活性磷酸盐含量/（mg/L）		
	范围	均值	二类达标率/%	范围	均值	二类达标率/%
2015.05.27	—	—		—	—	
2015.06.25	0.20～0.84	0.402	29.41	0.015 7～0.125 4	0.049 75	41.18
2015.07.23	0.31～0.55	0.439 5	0	0.024 4～0.033 4	0.027 59	80
2015.08.27	0.82～1.22	0.96	0	0.019 0～0.072 3	0.046 2	16.67

表 4-10 6 月航次 pH 和溶解氧数据在线法和国标法比对

评价方法	pH			溶解氧/（mg/L）		
	范围	均值	二类达标率/%	范围	均值	二类达标率/%
在线监测法	7.72～8.38	8.1	88.24	4.05～9.66	6.32	82.35
国标法	—	—	57.14	—	—	100

表 4-11 6 月航次无机氮和活性磷酸盐含量数据在线法和国标法比对

评价方法	无机氮含量/（mg/L）			活性磷酸盐含量/（mg/L）		
	范围	均值	二类达标率/%	范围	均值	二类达标率/%
在线监测法	0.20～0.84	0.402	29.41	0.015 7～0.125 4	0.049 75	41.18
国标法	—	—	28.57	—	—	100

在线监测法与国标法的评估结果虽然有差异，但有各自的优势和特点。国标法采用化学检测方法，过程明确，但水样采集和检测既费时又需要较多的人工。而且水样运输过程可能会对水样的保真造成干扰。在线监测法实现了无人值守的自动化运行，可获取连续的数据，其中溶解氧、pH 等参数的原位在线测量能更真实地反映海洋环境的变化情况。

（3）数据分析与应用

数据应用开发系统包含基于基础数据开发出的一系列数据产品应用系统。

1）利用水质和海洋生态要素等现场监测数据，对观测系统内的监测数据进行周期性的海洋生态环境分析，研制反映监测点海洋环境变化趋势的系列数据产品。

2）建立海水健康状况实时预警系统。

如表 4-12 所示，4 类海水水质对 pH、溶解氧、无机氮含量、活性磷酸盐含量有不同的指标要求。在系统正常运行和数据正常获取的前提下，根据水质标准，通过系统内置参数设定和计算系统，实现对不同水质类别与不同海区水质状况的实时预警，并在此基础上实现对海区整体海水健康状况的综合评估与预警。

表 4-12   海水水质标准

项目	一类水质	二类水质	三类水质	四类水质
pH	7.5～8.5，同时不超出该海域正常变动范围的 0.2 pH 单位		6.8～8.8，同时不超出该海域正常变动范围的 0.2 pH 单位	
溶解氧/（mg/L）＞	6	5	4	3
无机氮含量/（mg/L）（以 N 计）≤	0.20	0.30	0.40	0.50
活性磷酸盐含量/（mg/L）（以 P 计）≤	0.015	0.030	0.030	0.045

（4）在线监测示范运行结果

通过对系统的性能参数、适用条件、运行维护的技术要求、校验方法及数据有效性判别等方面进行规范化研究，研究清洗和校验对在线监测设备运行状态的影响，分析在线监测值与实验室标准方法检测值之间的比对偏差，对监测数据进行质量控制。探索出在线监测设备的维护内容和维护周期，保障在线监测系统运行的可靠性及数据采集的有效性。

在线监测的数据分析表明，天津海洋生态红线区距离岸边较近，陆源污染对红线区的影响较大，污染严重程度随等深线逐步降低，特别是船载在线监测数据表明，夏季大神堂海域存在的海水自净化机制能有效降低海洋污染。在当前本海区陆源污染物不断增加的情况下，降低海洋污染的一项重要举措是加强海洋生态红线区的保护，维护好该海区的生态平衡和自净化机制。

在示范运行工作中，海洋在线监测系统的作用可体现在以下 4 个方面：①船舶监测获得的大范围时空连续水质监测数据可用于水体的评级；②实现在线监测预警海洋灾害；③提供海洋生态红线区净初级生产力数据；④对系统大范围自动收集的水样进行实验室分析，可为入海排污总量的控制提供参考依据。

海洋水质在线监测技术已具备推广应用的潜力，其主要特点表现在两个方面：①在效能方面，系统无人值守自动运行，能有效降低人力成本，提高监测效率；②系统安装简便、快速，可用于海洋环境突发事件的应急监测。获取的环境质量、污染源和生态状况监测数据可通过环境监测数据传输网络实现监测数据的集成共享。通过进一步建立海洋生态红线区的在线监测运行机制，将为海洋生态红线区海洋环境的保护和治理与海洋环境突发事件应急提供有力的支持。

4.4　入海河流及排污口水质调查

4.4.1　任务背景

海洋生态环境的受损和恶化与人类活动密不可分。随着社会经济的发展和人口的不断增长，生产和生活过程中产生的废弃物大量进入海洋环境中，导致海域水质恶化，对海域生态环境造成了严重损害。因此，开展陆源入海排污口踏勘工作，对于保护海洋资源及改善海洋环境有着重要意义。

按照海洋生态红线区控制指标要求，项目组在 2015 年 7～8 月对天津管辖海域主要入海河流及排污口水质状况进行调查监测，对主要超标污染物及污染状况进行评估，为科学分析与评价渤海区域内的水质状况及变化规律提供直接依据，为进行海洋环境综合整治及海洋资源保护工作提供决策依据，为该市进行渤海开发规划、资源保护与管理及科研工作提供重要依据。

4.4.2　监测对象及方法

天津位于海河流域的尾闾，是海河五大支流（南运河、子牙河、大清河、永定河和北运河）的汇合口和入海口。海岸线北起涧河口，南至岐口，全长约 153 km，岛屿（三河岛）岸线长约 0.469 km，潮间带滩涂面积约为 336 km^2。

此次排污口水质调查主要是对确定的排污口位置进行踏勘，分别于 2015 年 5 月和 8 月于排污口内侧进行取样。样品采集、贮存与运输参照《海洋监测规范》（GB 17378—2007）和《海洋调查规范》（GB-T 17763—2007）。其中水样分析方法详见表 4-13。

表 4-13 水样分析方法

编号	要素	检测方法
1	pH	《海洋监测规范 第4部分：海水分析》（GB 17378.4—2007）26 pH 计法，83～88
2	悬浮物	《海洋监测规范 第4部分：海水分析》（GB 17378.4—2007）27 重量法，88
3	化学需氧量	《海洋监测规范 第4部分：海水分析》（GB 17378.4—2007）32 碱性高锰酸钾法，101～103
4	五日生化需氧量	《海洋监测规范 第4部分：海水分析》（GB 17378.4—2007）33.1 五日培养法，103～105
5	磷酸盐	《海洋监测规范 第4部分：海水分析》（GB 17378.4—2007）39.1 磷钼蓝分光光度法，117～119
6	铵盐	《海洋监测规范 第4部分：海水分析》（GB 17378.4—2007）36.1 靛酚蓝分光光度法，109～111
7	总汞	《海洋监测规范 第4部分：海水分析》（GB 17378.4—2007）5.1 原子荧光法，2～4
8	总镉	《海洋监测规范 第4部分：海水分析》（GB 17378.4—2007）8.1 无火焰原子吸收分光光度法，17
9	总铅	《海洋监测规范 第4部分：海水分析》（GB 17378.4—2007）7.1 无火焰原子吸收分光光度法，15
10	总砷	《海洋监测规范 第4部分：海水分析》（GB 17378.4—2007）11.1 原子荧光法，26～28
11	总铜	《海洋监测规范 第4部分：海水分析》（GB 17378.4—2007）6.1 无火焰原子吸收分光光度法，10～12
12	总铬	《海洋监测规范 第4部分：海水分析》（GB 17378.4—2007）10.1 无火焰原子吸收分光光度法，22～24

4.4.3 汉沽区域入海河流及排污口水质报告

汉沽位于天津东部，东距唐山 50 km，西距天津 60 km，南濒渤海湾，北接宁河区，是天津滨海新区的组成部分。汉沽坐落于华北平原北部，位于北纬 39°7′40″～39°19′56″、东经 117°7′40″～118°3′35″，全境面积为 441.5 km²，其中海涂面积为 69.85 km²。

在此次调查任务中，项目组人员沿海岸线共调查了两处排污口（图 4-20），分别为大神堂排污口和中心渔港排污口。

（1）大神堂排污口

大神堂防潮闸是 10 号闸涵（图 4-21），位于海堤大神堂村码头船坞处，坐标为北纬 39°13′8.65″、东经 117°57′7.90″。闸口由 3 个闸片组成，总宽度为 10 m，单个闸片宽 3 m，水深 4 m。调查时没有提闸排水，其主要承接的是大神堂村生活污水及养殖废水。闸口下游 400 m 处是海滨大道和大神堂渔港码头。

图 4-20　滨海新区汉沽区域排污口分布图

A. 闸涵标志

B. 闸涵内陆侧环境

C. 闸涵排海侧河道

D. 闸涵排海侧河道

E. 闸涵排海侧

F. 闸涵排海侧环境

图 4-21 大神堂主要排污口

（2）中心渔港排污口

蔡家堡防潮闸位于海堤张家新沟处，中心渔港区域内，其具体地理坐标为北纬 39°10′58.77″、东经 117°50′36.10″（图 4-22）。闸西侧是蔡家堡村和蔡家堡渔港，东侧是中心渔港工地。中闸涵由 3 个闸片组成，总宽度为 10 m，单个闸片宽 3 m。其内陆侧还有一闸口控制污水排放，闸口也由 3 个闸片组成。内陆侧河道宽约 30 m，排海侧河道较宽，约 110 m，近闸口处水深 2 m。排污口主要承接的是上游村镇生活污水、养殖废水、排涝雨水及部分工程废水的排放。

（3）汉沽区域入海水质监测数据

如表 4-14 所示，大神堂排污口的五日生化需氧量、化学需氧量和磷酸盐含量均达到劣四类海水水质标准。按照海水水质判别方法，大神堂排污口海水水质为劣四类，中心渔港排污口海水水质为三类。

A. 闸涵外侧

B. 闸涵内陆侧

C. 闸涵内陆侧环境　　　　　　　　　　　　E. 闸涵旁污水处理厂

图 4-22　中心渔港排污口

表 4-14　汉沽区域入海河流及排污口海水水质标准

要素	大神堂排污口	中心渔港排污口
总汞	二类	三类
总镉	一类	二类
总铅	一类	一类
总砷	一类	一类
化学需氧量	劣四类	二类
磷酸盐	劣四类	三类
无机氮	三类	三类
悬浮物	四类	三类
五日生化需氧量	劣四类	二类
总锌	三类	三类
总铜	一类	一类

4.4.4　塘沽区域入海河流及排污口水质报告

塘沽位于天津东部，是天津滨海新区的中心区，地理坐标为北纬 38°44′～39°13′、东经 117°30′～117°46′。塘沽东濒渤海，西邻东丽、津南二区，南接大港，北抵汉沽与宁河二区，区域面积为 790.2 km²，拥有 92.16 km 长的海岸线和 55 km 的海滩。塘沽东部的天津港，是中国北方最大的综合性贸易港口。

海河、永定新河、潮白新河和蓟运河 4 条一级河道，都从塘沽注入渤海。该区域内海河长度为 38 km，水域面积为 63 km²，另外，该区域内还有黑猪河和马厂减河两条二级河道，大沽排污河和北塘排污河两条污水河道，黄港一库、黄港二库和北塘水库 3 座中型水库。在此次陆源入海排污口水质调查中，项目组人员共实地调查 8 处排污口，分别为北塘入海口、泰达市政排污口Ⅰ、泰达市政排污口Ⅱ、天津新港船厂排污口、海河入海口、大沽排污河入海口、盐场排水渠排污口和天津海滨浴场（图 4-23）。

图 4-23　滨海新区塘沽区域排污口分布图

（1）北塘入海口

永定新河口因地处北塘，又称北塘口。永定新河西起北辰区屈家店，东流经宁河区，在黄港水库北侧入塘沽区，至塘沽北塘街入海，河道全长为 66 km，是永定河、北运河、潮白河和蓟运河的共同入海河道。

由于永定新河口是多条河流交汇入海通道，因此，其污水组成较为复杂，主要承接北京、天津等地的工业污水、农业污水、生活污水和排涝水等。永定新河防潮闸已于 2010 年 4 月正式通水启用，项目组人员实地勘测时，发现该区域水色呈浅绿色，不浑浊，有大量梭鱼苗。

永定新河防潮闸上游塘汉路上建有彩虹大桥，其具体地理坐标为北纬39°05′42.72″、东经 117°43′30.93″（图 4-24）。与之相邻的是三河岛，三河岛又称炮台岛，是天津海域唯一列入《中国海岛志》的岛屿，岛屿面积为 0.015 km²，岛屿岸线长 0.469 km。

A. 防潮闸标识

B. 防潮闸内陆侧全景

C. 防潮闸排海侧全景

E. 彩虹大桥

F. 工作人员采取水样

图 4-24　北塘入海口排污口

（2）泰达市政排污口 I

泰达市政排污口 I 主要用于排放滨海新区天津经济技术开发区市政生活污水和工业污水，其闸口处具体地理坐标为北纬 39°03′2.06″、东经 117°45′11.01″。闸口由 6 个闸片组成，总宽 18 m，单个单片宽 2 m，水面宽 18 m，水深 0.4 m。污水经泰达市政污水处理厂处理后经闸口排入外海，水体呈污黑色，且有异味（图 4-25）。

A. 排污口内陆侧

B. 排污口排海侧

C. 排污口水质状况

D. 工作人员采取水样

图 4-25　泰达市政排污口 I

（3）泰达市政排污口 II

泰达市政排污口 II 主要用于排放滨海新区泰达开发区北部企业和居民的生活污水及工业污水，其排海口处具体地理坐标为北纬 39°05′10.65″、东经 117°43′41.39″（图 4-26）。

A. 排污口周围   B. 排污口

图 4-26   泰达市政排污口 II

（4）天津新港船厂排污口

　　新港船闸桥位于天津新港，具体地理坐标为北纬 38°59′30″、东经 117°42′49″（图 4-27），新港船闸是我国第一座海河船闸。随着滨海新区经济的快速发展，新港船闸已不能满足人民群众生产、生活及出行的需要。

A. 新港船闸桥   B. 排污口外侧

C. 排污口内陆侧周围环境   D. 新港船闸西闸桥

图 4-27   天津新港船厂排污口

为缓解船舶过闸频繁，对陆路交通造成拥堵的影响，2007 年天津港投资 3000 万元，在近 4 个月的时间内建成船闸东西两侧两座钢结构单臂开启桥。调查时有两道内闸，并有船只停靠，水面漂浮较多油污。

（5）海河入海口

海河入海口附近建有海门大桥、海河防潮闸、海河渔船闸和新港船闸。海河作为天津的"母亲河"，孕育了天津的文明与文化，是该市一道美丽的风景线。海河作为一级主干河道，不仅是汛期行洪的主要渠道，也是天津的饮用水源地，海河口是海河流域重要的入海口之一。它位于渤海湾西岸顶部，为淤泥质河口，呈喇叭口状，是冲积平原型陆海双相河口。河口之外为大沽沙浅滩，海河口左岸为天津新港南防波堤，延伸至闸下 12.2 km，右岸为排泥场围堰并连接海岸线，主槽基本平行于新港南防波堤。河口长度为 9 km，宽度在闸下 2 km 以内为 250～800 m，2 km 以外逐渐过渡到开阔段。

海河防潮闸位于天津滨海新区塘沽海河干流入海口处，海河防潮闸具体地理坐标为北纬 38°59′10.26″、东经 117°42′46.60″（图 4-28）。它是海河干流入海的控制性工程，始建于 1958 年，主要功能是泄洪、排涝和防潮，同时兼有蓄水、御沙等功能，建成近 60 年来，它发挥了重要作用。防潮闸共分 8 孔，单孔净宽 8 m，闸室总宽 76 m。公路桥布置在闸室的上游侧，闸室下游侧布置机架桥和检修桥。

A. 防潮闸排海侧周围环境　　　　　　　　　　B. 工作人员采取水样

图 4-28　海河入海排污口

（6）大沽排污河入海口

大沽排污河是 1958 年海河改造工程中的一个重要组成部分，是天津专用的城市排污河之一，起于西青区三孔闸，流经大港、津南，终至塘沽，涉及 50 个自然村，总长度为 74 km。它是该市咸阳路、纪庄子和双林 3 个排水系统的主要排污河道，水流至塘沽东大沽泵站，最终与海河交汇，流入渤海。大沽排污河口紧靠天津港和塘沽贝类恢复区，这里汇集了该市海河以南城区的城市生活污水、工业废水及沿途的工农业废水和海河污水。

排污口坐标为北纬 38°57′31.86″、东经 117°42′31.99″。河口处水面宽 40 m，水深 1.5 m，且污染较为严重，水体呈黄色，较浑浊（图 4-29）。

A. 排污河内陆侧

B. 排污口远景

图 4-29　大沽排污河入海口

（7）盐场排水渠排污口

塘盐扬水站始建于 1976 年，其具体地理坐标为北纬 38°50′31.83″、东经 117°37′11.82″（图 4-30）。该扬水站由 15 个闸口组成，单个宽 4 m。该扬水站主要承接内陆侧养殖废水、盐田废水和生活污水的排放。

A. 塘盐扬水站标志

B. 排污口内陆侧

C. 排污口排海侧   D. 排污口内陆侧水质

图 4-30 盐场排水渠排污口

（8）天津海滨浴场

海滨浴场沉淀池排水闸具体地理坐标为北纬 38°50′43.28″、东经 117°37′36.89″。有两个废弃排水闸，只有一个排水闸在使用，由一个闸片组成，宽 2 m，内陆是天津市海发珍品实业发展有限公司和天津市诺恩水产技术发展有限公司（图 4-31）。

（9）塘沽区域入海水质监测数据

如表 4-15 所示，塘沽区域 8 个调查入海河流和排污口中皆有一个到数个参数达到劣四类水质水平，主要污染因子为无机氮、磷酸盐、总汞、COD、BOD_5。其中无机氮在 8 个调查区域皆为劣四类水平，因此上述 8 个入海河流和排污口的海水水质皆为劣四类。

A. 排污口内陆侧   B. 排污口内陆侧

C. 排污口内陆侧周围环境　　　　　　　　　　　D. 排污口内陆侧周围环境

图 4-31　天津海滨浴场入海口

表 4-15　塘沽区域入海河流及排污口海水水质标准

要素	北塘入海口	泰达市政排污口Ⅰ	泰达市政排污口Ⅱ	天津新港船厂排污口	海河入海口	大沽排污河入海口	盐场排水渠排污口	天津海滨浴场
总汞	三类	劣四类	劣四类	一类	二类	劣四类	三类	二类
总镉	二类	一类	一类	一类	一类	一类	一类	一类
总铅	一类	一类	一类	一类	一类	一类	一类	一类
总砷	一类	一类	一类	一类	一类	一类	一类	一类
COD	劣四类	一类	二类	二类	劣四类	二类	四类	一类
磷酸盐	劣四类	三类	劣四类	劣四类	劣四类	一类	劣四类	二类
无机氮	劣四类	劣四类	劣四类	劣四类	劣四类	劣四类	劣四类	劣四类
悬浮物	三类	三类	一类	三类	三类	四类	三类	三类
总锌	二类	三类	二类	三类	二类	三类	四类	三类
BOD$_5$	劣四类	二类	二类	三类	劣四类	三类	劣四类	二类
总铜	二类	一类	一类	一类	一类	一类	一类	一类

4.4.5　大港区域入海河流及排污口水质报告

　　大港位于天津东南部,南面与河北省的黄骅市接壤,周边分别与塘沽、津南、西青和静海毗邻。大港总面积为 1113.83 km²,陆地面积为 963 km²,滩涂面积为 85 km²,海岸线长 25 km。中部的大港水库,是华北地区最大的人工平原水库,面积为 150 km²。东北部是官港森林公园,占地面积为 22 km²,水域面积为 7.9 km²。该区域内共有 11 条河道,其中独流减河、马厂减河和子牙新河为一级河道,沧浪渠、北排河、青静黄、兴济夹道、马厂减河下段、十米河、八米河和马圈引河为二级河道；以及北大港、沙井子和钱圈 3 座水库。

此次陆源入海排污口调查范围主要包括大港区域内的 8 处入海排污口。这其中，既有独流减河、子牙新河和北排河等大型河流，也有大港东一排涝站、大港东二排涝站和大港电厂排污口等一些企业及市政排污设施（图 4-32）。

图 4-32　滨海新区大港区域排污口分布图

（1）独流减河入海口

独流减河是天津一条重要的行洪河道和南部防洪的重要防线，属大清河系，引泄大清河和子牙河洪水直接入海的人工河道。独流减河入海口建有防潮闸（原工农兵防潮闸）控制河水排放。防潮闸水闸结构形式为开敞式，孔数为 26 孔，每孔宽 10 m，设计流量为 3200 m³/s，相应闸上水位为 3.75 m（1985 国家高程基准，下同），闸下水位为 3.35 m；校核流量为 3200 m³/s，相应闸上水位为 4.85 m，闸下水位为 4.55 m。防潮闸中间处具体地理坐标为北纬38°46′1.37″、东经 117°33′52.55″。防潮闸两侧堤距为 1000 m，排海侧水面宽度约为 190 m，河内辟有底宽各为 120 m 的两个深槽。改建后的独流减河防潮闸的主要功能是平时挡潮御沙，汛期宣泄洪水，并随机调度控制水位，利用上游河道深槽向北大港水库输水蓄存，大港电厂建成以后，又利用闸前蓄水作为冷却池（图 4-33）。

A. 防潮闸内陆侧远景

B. 防潮闸排海侧环境

C. 工作人员采取水样

D. 防潮闸内陆侧闸口

图 4-33　独流减河入海口

（2）大港东一排涝站排污口

　　若以面向排海方向为基准，东一排涝站由左右两个排污口进行污水排放，两口相距约 25 m。调查时，两个排污口正在排放污水，但水流不大。在东一排涝桥上测量其地理坐标为北纬 38°41′28.53″、东经 117°31′12.56″。东一排涝桥宽约 8 m，载重 30 t（图 4-34）。

（3）大港东二排涝站排污口

　　从东一排涝站沿着东一排涝河前行约 2.5 km，便是东二排涝站。东一排涝站和东二排涝站的污水共同汇入一个入海通道排放入海。以面向排海方向为基准，东二排涝站由左右两个闸口组成，其地理坐标分别为北纬 38°41′31.26″、东经117°32′49.88″，北纬 38°41′30.97″、东经 117°32′48.94″。东一排涝站与东二排涝站皆有专门的管理机构，由大港油田集团供水公司负责日常管理。

　　东二排涝站主要承接 3 个方向的生活污水：一是唐家河方向的沿途生活污水、

排涝雨水、工程废水及养殖废水等；二是板桥河方向的污水，板桥河开挖于1957年，承接着大港油田2号院和3号院的生活污水与沿途工业污水及排涝雨水的排放；三是大港油田集团炼油厂排放的生产污水。板桥河与唐家河方向的污水在东二排涝站北约400 m处汇合，由专门的闸口控制污水的排放，然后在东二排涝站闸口内陆侧与大港炼油厂排放的生产污水汇合。大港炼油厂排放的生产污水也有专门的闸口进行控制，限时排放（图4-35）。

A. 排涝站标志

B. 排涝站警示牌

C. 排涝站闸口

D. 工作人员采取水样

图4-34 大港东一排涝站排污口

（4）大港电厂排污口

大港电厂排污口自主排污口排放污水后，分为两个排水通道，一条直接排放入海。直接排海口桥面长度为36 m，其地理坐标为北纬38°46′17.07″、东经117°33′52.94″。桥下有4个涵洞，水流较急，内侧河道宽26 m，外侧河道宽12 m，水深2.5 m。在排海口内陆侧50 m处，有一红色闸口。在大港电厂主排污口南侧，有另一条排水通道，污水直接排入独流减河，然后排入外海，其桥上地理坐标为北纬 38°46′12.47″、东经 117°33′46.21″。排污口桥面长 33 m，无闸口控制（图 4-36）。

A. 排涝站标志

B. 排污口内陆侧

C. 二号排污口

D. 排污口排海侧

图 4-35　大港东二排涝站排污口

A. 排污口内陆侧河道

B. 排污口内陆侧近景

C. 排污口排海侧河道　　　　　　　　　　D. 排污口排海侧水质

图 4-36　大港电厂排污口

（5）青静黄排水渠入海口

青静黄排水渠起自河北青县，经天津静海、大港，至马棚口入渤海湾，全长 47.54 km，排水总面积为 765 km²，始建于 1955 年。它是运河以东、子牙新河以北地区的主要排沥通道，承接沿途工业废水、生活污水、农田排涝水和养殖废水等污水的排放。

青静黄排水渠挡潮闸位于北纬 38°39′44.88″、东经 117°31′57.75″处，是青静黄排水渠尾闾控制工程，距子牙新河主槽挡潮闸 800 m，按排涝标准 5 年一遇设计，设计流量为 215 m³/s，相应水位为 1.36 m，校核流量为 500 m³/s（图 4-37）。

A. 排水渠内陆侧　　　　　　　　　　　B. 排水渠内陆侧环境

图 4-37　青静黄排水渠入海口

（6）子牙新河入海口

子牙河流域位于海河流域中南部，西起太行山，东临渤海，南临漳卫河，北界大清河，由滹沱河和滏阳河两大支流构成，跨越山西、河北、天津三省市。1967年在马棚口处子牙新河口修建主槽挡潮闸，其具体地理坐标为北纬 38°39′17.05″、东经 117°32′14.72″，闸门共 3 孔，总净宽度为 24 m，其中中孔宽 10 m。河口主槽挡潮闸引河长约 3.6 km，属于短引河，河口出流方向基本为正东。

子牙新河虽以行洪排涝为主，但同时也承担着沿途村镇生活污水、工业污水、农田废水和养殖废水等类型污水的排放，与青静黄排水渠共同经一个入海口排放入海，受纳污水海域功能区类型为大港滨海湿地海洋特别保护区，海水水质标准不低于二类水质标准（图 4-38）。

A. 排水渠内陆侧

B. 排水渠内陆侧河道

C. 排水渠排海侧

D. 工作人员采取水样

图 4-38　子牙新河入海口

（7）北排河入海口

北排河位于子牙河右侧，是结合修筑子牙河右堤开挖的一条人工河道。西起河北献县枢纽进洪闸，流经献县、河间、青县、黄骅等市县，流入天津大港南部，东至新马棚口村南入海，全长 143 km，大港区域内河段长约 28 km。北排河不仅是黑龙港流域的骨干排涝河道，同时也承接沿途生活污水、工业污水、农田废水和养殖废水等其他污水。

北排河河口位于大港东南部，新马棚口村南，河口长约 3.6 km，属于短引河口，朝向为正东。河口建有挡潮闸，挡潮闸由老挡潮闸和新挡潮闸组成。老挡潮闸具体地理坐标为北纬 38°37′6.12″、东经 117°32′29.28″，由 6 孔 4 个闸门组成，单个闸门宽度为 7 m，公路桥长约为 75 m，限重 5 t，调查时闸口处水深 0.9 m，内陆侧水面宽 5 m，排海侧水面宽 30 m。

新挡潮闸是北排河尾闾的控制工程，为子牙新河海口枢纽的组成部分，其具体地理坐标为北纬 38°37′2.92″、东经 117°32′27.41″，位于老挡潮闸南侧。新挡潮闸为河床式闸型，共 8 孔，中间 6 孔有闸门，每个闸孔宽度为 8 m，闸门为直升式钢闸门。公路桥长约 70 m，内陆侧河道较宽，遍生水草，排海侧闸口处水面宽约 61 m，水深 2.2 m。河水经新、老挡潮闸排出后，汇聚入海。

河口受纳污水海域功能区类型为新马棚口养殖区和渔港，海水水质标准不低于二类水质标准（图 4-39）。

A. 挡潮闸远景　　　　　　　　　　　B. 挡潮闸周围环境

图 4-39　北排河入海口

（8）大港区域入海水质监测数据

在 2015 年 8 月调查中，由于受到当地施工等因素影响，大港东二排涝站排污口、青静黄排水渠入海口、子牙新河入海口和北排河入海口的水样未能完成采集，因此仅做了部分要素的检测。

如表 4-16 所示，无机氮、磷酸盐和化学需氧量仍是主要影响因子，大港区 7 个入海河流和排污口除独流减河入海口和大港电厂排污口为三类水质外，其他全部达到劣四类。

表 4-16　大港区域入海河流及排污口海水水质标准

要素	独流减河入海口	大港东一排涝站排污口	大港东二排涝站排污口	大港电厂排污口	青静黄排水渠入海口	子牙新河入海口	北排河入海口
总汞	三类	二类	—	二类	—	—	—
总镉	一类	一类	—	二类	—	—	—
总铅	一类	一类	—	一类	—	—	—
总砷	一类	一类	—	一类	—	—	—
pH				—			
化学需氧量	一类	二类	劣四类	一类	二类	劣四类	四类
磷酸盐	二类	劣四类	劣四类	一类	一类	二类	二类
无机氮	一类	劣四类	劣四类	一类	劣四类	劣四类	劣四类
悬浮物	三类	劣四类	—	三类	—	—	—
总锌	三类	三类	—	三类	—	—	—
五日生化需氧量	二类	三类	—	二类	—	—	—
总铜	一类	一类	—	一类	—	—	—

4.4.6　天津入海河流及排污口氮、磷污染调查

前期调查和监测结果显示，天津入海河流和排污口的主要污染物为氮、磷污染，本次任务重点对上述排污口的氮、磷污染状况进行了监测。如图 4-40～图 4-43 所示，相当部分氮磷监测数据达到毫克量级，总氮含量最高达到 4.04 mg/L，总磷含量最高达到 3.64 mg/L，无机氮含量最高达到 3.29 mg/L，磷酸盐含量最高达到 1.21 mg/L。

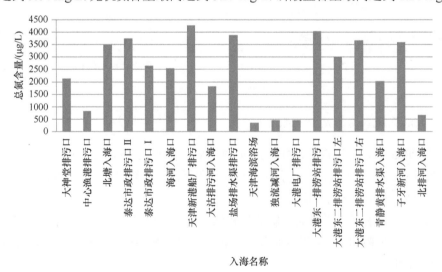

图 4-40　天津管辖海域主要入海河流及排污口总氮含量监测结果

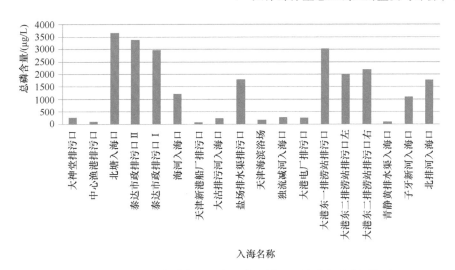

图 4-41　天津管辖海域主要入海河流及排污口总磷含量监测结果

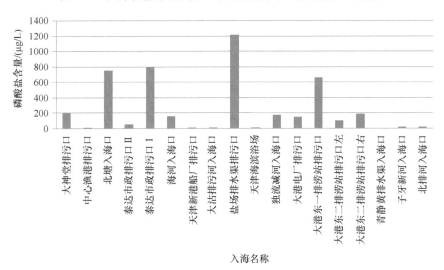

图 4-42　天津管辖海域主要入海河流及排污口磷酸盐含量监测结果

4.4.7　天津入海河流及排污口水质状况总结

综上所述，在被调查的天津 17 处入海河流和排污口中，只有 3 处的海水水质达到三类水质标准，其他均为劣四类。无机氮、无机磷、BOD$_5$ 和 COD 为主要影响因子。因此，天津入海污染情况较为严重，需要采取一定的减排措施，才能保证周边海域良好的水质生态环境（表 4-17）。

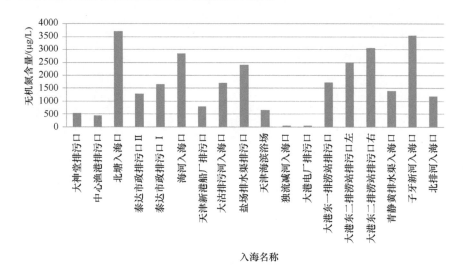

图 4-43　天津管辖海域主要入海河流及排污口无机氮含量监测结果

表 4-17　天津入海河流及排污口水质状况

水质类别	三类	劣四类
入海河流及排污口 名称	中心渔港排污口 独流减河入海口 大港电厂排污口	大神堂排污口 北塘入海口 泰达市政排污口 I 泰达市政排污口 II 天津新港船厂排污口 海河入海口 大沽排污河入海口 盐场排水渠排污口 天津海滨浴场 大港东一排涝站排污口 大港东二排涝站排污口 青静黄排水渠入海口 子牙新河入海口 北排河入海口

5 天津海洋生态红线区的管控措施

5.1 海洋生态红线区控制指标

5.1.1 自然岸线保有率指标

根据《渤海海洋生态红线划定技术指南》(以下简称《技术指南》)要求，天津海域自然岸线保有率需不低于 5%[4]，据《全国海洋功能区划（2011—2020 年）》(以下简称《功能区划》)要求，天津海域岸线长度为 153.67 km，即自然岸线保有率需不低于 7.69 km[5]。

划定的生态红线区中天津大神堂自然岸线长度为 8.94 km，大港滨海湿地岸线长度为 9.69 km，合计 18.63 km。根据《天津市海岸保护与利用规划研究报告》，①津冀北海域行政区域界线至大神堂岸段海岸类型为典型的粉砂、淤泥质、缓慢淤积型海岸，为土质海挡；②子牙新河至津冀南线岸段海岸类型为典型的粉砂、淤泥质海岸，缓慢淤积型海岸，为水泥质海挡。目前这两处海岸线除用于滩涂养殖外，没有任何工业设施或围填海工程占用岸线，自然岸线属性显著，因此划定的天津海域自然岸线的保有率达到 12.12%。

5.1.2 红线区面积控制指标

根据《技术指南》要求，天津海域生态红线区面积不得低于 10%，据《功能区划》，天津海域的面积约为 2146 km²，即生态红线区的面积不低于 214.6 km²[4-5]。

划定的生态红线区中天津大神堂牡蛎礁国家级海洋特别保护区面积约为 34.00 km²，天津汉沽重要渔业海域面积为 76.43 km²，天津大港滨海湿地面积为 106.37 km²，天津北塘旅游休闲娱乐区面积为 2.57 km²，天津大神堂自然岸线区域面积为 0.42 km²，共 219.79 km²，占天津管辖海域面积的 10.24%。

由于天津管辖海域面积呈扇面形，而海洋工程建设的推进是沿岸线平行推进的。根据扇形面积的计算公式，天津管辖海域面积在不断缩小且呈双曲线趋势减小，即海域面积缩小的速率是在不断增大的。另外，根据相关规划要求，要加快滨海新区的建设，确立北方国际航运中心和国际物流中心地位，因此，天津管辖海域内能够划为禁止或限制开发的海洋生态红线区的海域面积非常有限。

5.1.3 水质达标控制指标

根据《技术指南》要求，天津海域生态红线区内实施严格的水质控制标准，至 2020 年海水水质达标率不得低于 80%[4]。

目前，根据海洋环境监测数据计算结果，天津大神堂牡蛎礁国家级海洋特别保护区及天津汉沽重要渔业海域的监测站位受无机氮等影响，水质等级多为劣四类，超过二类水质标准的指标主要有无机氮和活性磷酸盐等。根据功能区划要求，特别保护区和养殖用海的水质要求为不低于二类，因此需加强对保护区内无机氮和活性磷酸盐等指标的控制[6]。

而天津大神堂滩涂湿地和大港滨海湿地水深较浅，目前开展的监测工作较少，需进一步加强这两块湿地的水质监测工作，根据海域功能水质达标要求，加强对超标污染物的控制。

目前天津正在修订《天津市海洋生态环境保护实施方案》，将围绕生态红线区水质达标率，提出具体的减排措施和修复整治工程，同时通过加强生态红线区的监视监控，确保至 2020 年天津海域生态红线区水质达标率不低于 80%。

5.1.4 入海污染物减排指标

根据《技术指南》要求，天津海域生态红线区内需实现陆源入海直排口污染物排放达标率为 100%，陆源污染物入海总量减少 10%～15%[4]。

目前天津海域生态红线区内没有陆源入海直排口，因此对陆源入海直排口污染物排放达标率无相关要求。针对陆源污染物入海总量控制指标，由于天津海域陆源排污口多设有闸口，不定期进行提闸，因此很难计算排污口的年度径流量，进而无法获取污染物入海总量。

根据生态红线区要求，应进一步开展陆源污染物入海总量计算方法研究，加强天津海域陆源入海污染物排放达标率和陆源污染物入海总量的监测与评价工作，加强超标污染物的控制。力争至 2020 年实现国家确定的陆源污染物入海总量削减控制目标。

5.2 总体管控措施

海洋生态红线区分为禁止开发区和限制开发区，根据海洋生态红线区的不同类型，制定分区分类差别化的管控措施。

禁止开发区域为天津大神堂牡蛎礁国家级海洋特别保护区的重点保护区，在该区内禁止一切开发活动。

限制开发区为天津大神堂牡蛎礁国家级海洋特别保护区的适度利用区和生态与资源恢复区、天津汉沽重要渔业海域、天津大港滨海湿地、天津北塘旅游休闲娱乐区及天津大神堂自然岸线。该区域的发展方向与开发原则是，实施分类管理，在海洋渔业保障区，实施禁渔、休渔期管制，加强水产种质资源保护，禁止开展对海洋经济生物繁殖生长有较大影响的开发活动；在海洋特别保护区，严格限制不符合保护目标的开发活动，不得擅自改变海岸和海底地形地貌及其他自然生态环境状况；在海岛及其周边海域，禁止以建设实体坝方式连接岛礁，严格限制无居民海岛开发和改变海岛自然岸线的行为，禁止在无居民海岛弃置或者向其周边海域倾倒废水和固体废物。限制开发区内的管控措施如下。

1) 实施严格的区域限批政策，严控开发强度。对未落实项目的区域，实行严格限批制度；对区域内正在办理的、与该区域管控目标不相符的项目，停止审批；对区域内已经完成审批流程但未具体实施建设的或已经开工建设但与该区域管控目标不相符的项目，应停止建设，重新选址；对区域内已运营投产但与该区域管控目标不相符的项目，责令进行等效异地生态修复；对区域内未经海洋主管部门审核通过且与该区域管控目标不相符的项目，责令恢复原貌，并对其间造成的生态损失予以补偿。

2) 实施严格的陆源入海污染物排放控制，禁止红线区内新建排污口。

3) 控制养殖规模，鼓励生态化养殖。推动退养还滩、退养还海。

4) 实行海洋垃圾巡查清理制度，有效清理海洋垃圾。

5) 对已遭受破坏的海洋生态红线区，实施可行的整治修复措施，恢复原有生态功能。

6) 海洋生态红线区海水水质应符合所在海域海洋功能区的环境质量要求。

5.3 海洋特别保护区管控措施

海洋保护区是指海洋自然保护区和海洋保护区（海洋公园）。该类型的保护区在天津生态红线区包括天津大神堂牡蛎礁国家级海洋特别保护区，该保护区的重点保护区为禁止开发区，适度利用区和生态与资源恢复区为限制开发区。

天津大神堂牡蛎礁国家级海洋特别保护区的重点保护区为禁止开发区。在重点保护区内，实行严格的保护制度，禁止实施各种与保护无关的工程建设活动，无特殊原因，禁止任何单位或个人进入。

该特别保护区的适度利用区和生态与资源恢复区为限制开发区。在该区域内，应加强周边海岸工程（如北疆电厂和中心渔港等）的入海排污监控；在保护区适度利用区内，确保海洋生态系统安全的前提下，允许适度利用海洋资源，鼓励实施与保护区保护目标相一致的生态型资源利用活动，同时实施严格的区域限批政策，严控开发强度，不得建设有毒有害、易燃易爆、污染自然环境、破坏自然资源和自然景观的生产设施及建设项目。实施严格的水质控制指标，严格控制河流入海污染物的排放，执行一类海水水质、海洋沉积物和海洋生物质量标准。鼓励发展生态旅游和生态养殖等海洋生态产业；在生态与资源恢复区内，根据科学研究结果，可以采取适当的人工生态整治与修复措施，恢复海洋生态、资源与关键生境。

5.4　重要滨海湿地管控措施

重要滨海湿地是指列入《中国重要湿地名录》的滨海湿地[7]。该类型的湿地在天津生态红线区包括天津大港滨海湿地。

天津大港滨海湿地生态红线区为限制开发区。在该区域内，禁止围填海、矿产资源开发及其他城市建设开发项目等改变海域自然属性、破坏湿地生态功能的开发活动。

结合功能区管理要求，天津大港滨海湿地还需保障海洋保护区用海，应考虑设置与南港工业区南边界的隔离过渡区间，兼容渔业资源增殖养护和海底电缆管道用海，实施严格的水质控制指标，严格控制河流入海污染物的排放；禁止新建排污口；渔业基础设施依托陆域空间，渔船停靠、避风水域维持开放式；逐步整治河口区域潮间带形态，保障防洪治理与管理要求，禁止在青静黄和北排河治导线范围内建设妨碍行洪的永久性建、构筑物，保障行洪排涝安全，加强子牙新河河口管理范围内防洪治理工程和日常维护管理的监控，防止环境风险事件的发生；重点保护滨海湿地、贝类资源及其栖息环境，恢复滩涂湿地生态环境和浅海生物多样性基因库；油气电缆管道等用海活动应保证海洋特别保护区的环境质量管理要求。

5.5　重要渔业海域管控措施

重要渔业海域是指省级以上水产种质资源保护区[8]。该类型的海域在天津生态红线区包括天津汉沽重要渔业海域。

天津汉沽重要渔业海域生态红线区为限制开发区。在该区域内，禁止围填海、截断洄游通道、设置直排排污口等开发活动，在重要渔业资源的产卵育幼期禁止从事捕捞、爆破作业，以及其他可能对水产种质资源保护区内生物资源和生态环境造成损害的活动；实施养殖区综合整治，合理布局养殖空间，控制养殖密度，防治养殖自身污染和水体富营养化，加强水产种质资源保护，防止外来物种侵害，维持海洋生物资源可持续利用，保持海洋生态系统结构和功能稳定；在渔业资源退化的重要渔业区域，采取人工鱼礁、增殖放流、恢复洄游通道等措施，有效恢复渔业生物种群；执行一类海水水质质量、海洋沉积物和海洋生物质量标准。区域内的任何海域开发利用活动均不得对毗邻天津大神堂牡蛎礁国家级海洋特别保护区造成不良影响。

5.6　重要滨海旅游度假区管控措施

重要滨海旅游度假区是指省级以上风景名胜区内的主要景区（点）、AAAA级以上景区或潜在旅游区。该类型的度假区在天津生态红线区包括天津北塘旅游休闲娱乐区。

天津北塘旅游休闲娱乐区生态红线区为限制开发区。在该区域内，严禁破坏性开发活动，要求妥善处理生活垃圾。开展三河岛整体整治和修复，修复海岛生态滩涂及植被环境，形成鸟类及贝类栖息地。禁止开展污染海洋环境、破坏岸滩整洁、排放海洋垃圾、引发岸滩蚀退等损害公众健康、妨碍公众亲水活动的开发活动，不得建设存储或生产有毒有害品、易燃易爆品的设施；旅游区建设应合理控制规模，优化空间布局，有序利用岸线、沙滩和海岛等重要旅游资源，严格控制旅游基础设施建设的围填海规模；按生态环境承载能力控制旅游发展强度，保护海岸生态环境和自然景观；开展海域海岛海岸带综合整治，修复受损海滨地质地貌遗迹，养护重要海滨沙滩浴场，改善海洋环境质量；实施严格的水质控制指标，严格控制入海污染物的排放，执行不劣于二类海水水质质量标准和一类海洋沉积物及海洋生物质量标准。

5.7　自然岸线管控措施

自然岸线是指天然形成的砂质岸线、粉砂淤泥质岸线和基岩岸线，以及整治修复后具有自然海岸生态功能的岸线[9]。该类型的自然岸线在天津生态红线区包括天津大神堂自然岸线和天津大港滨海湿地自然岸线。天津大神堂自然岸线长度为 8.94 km，滨海湿地岸线长度为 9.69 km，合计 18.63 km。天津生态红线区包括以津冀北海域行政区域界线至大神堂岸段海岸类型为典型的土质海挡的粉砂、淤泥质、缓慢淤积型海岸和以子牙新河至津冀南线岸段海岸类型为典型的水泥质海挡的粉砂淤泥质海岸，缓慢淤积型海岸。目前这两处海岸线除用于滩涂养殖外，没有任何工业设施或围填海工程占用岸线，自然岸线属性显著。

天津大神堂自然岸线和天津大港滨海湿地自然岸线生态红线区为限制开发区。在该区域内，应严格保护岸线的自然属性和海岸原始景观，禁止从事可能改变自然岸线属性的开发建设活动，禁止在海岸退缩线（海岸线向陆一侧 500 m 或第一个永久性构筑物或防护林）内和潮间带开展构建永久性建筑、围填海、挖沙、采石等改变或影响岸线自然属性和海岸原始景观的开发建设活动；禁止新设陆源排污口，严格控制陆源污染的排放；清理不合理的岸线占用项目，实施岸线整治修复工程，恢复岸线的自然属性和海岸原始景观。不得建设存储或生产有毒有害品、易燃易爆品的设施，不得污染自然环境，禁止倾废活动，开展岸线生态修复。加强海堤工程建设的监管监控，防止坍塌事件发生。

6 基于 GIS^①的天津海洋生态红线区管理系统

通过对海洋生态红线制度和海洋生态红线区选划技术等内容的研究成果，实现生态红线区信息管理、相关监测数据、海域利用和社会经济等信息管理与决策分析，实现红线区建设项目预警，为海洋行政管理部门提供红线区管理的决策支撑。系统建设的主要内容包括：生态红线区数据库建设、信息服务发布、信息系统研发等工作。

6.1 天津海洋生态红线区数据库建设

海洋生态红线区数据库的建立需要收集红线区海域海洋基础地理数据和卫星遥感数据，海洋功能区划、海洋保护区、海洋养殖区、环境敏感区、海岸线、社会经济和海域利用等空间数据，以及天津海洋环境历年监测数据和公报等资料，现场采集360°全景信息等。将空间数据信息与属性信息有机结合，提供系统调查数据和其他相关数据的查询、浏览、分析、输出及相关地图模板的定制功能。

根据海洋生态红线区的业务需求，以《海洋生态环境保护信息分类与代码》为基础，整合各种业务化报表数据，设计、建立统一的海洋生态红线区系统数据库，为系统运行提供数据支撑。

在 SQL Server 数据库管理系统环境下，采用统一建模语言（unified modeling language，UML）进行建模，形成逻辑结构模型和物理结构模型，最终构建出完整的海洋生态红线区系统数据库[10]。数据库列表如表 6-1 所示。

表 6-1 海洋生态红线区系统数据库列表

序号	表名	中文
1	GISData.DBO.沿海城市 GDP	沿海城市 GDP
2	GISData.DBO.沿海城市人口	沿海城市人口
3	GISData.DBO.沿海省市 GDP	沿海省市 GDP
4	GISData.DBO.沿海省市海洋生产总值	沿海省市海洋生产总值
5	GISData.DBO.沿海省市海洋渔业分类产值	沿海省市海洋渔业分类产值
6	GISData.DBO.沿海省市人口	沿海省市人口

---

① GIS：geographic information system，地理信息系统

续表

序号	表名	中文
7	GISData.DBO.海域使用确权	海域使用确权
8	GISData.DBO.岸线红线	岸线红线
9	GISData.DBO.渤海海洋生态红线区 1	渤海海洋生态红线区（线）
10	GISData.DBO.渤海海洋生态红线区 P	渤海海洋生态红线区（面）
11	GISData.DBO.功能区划	功能区划
12	GISData.DBO.倾倒区	倾倒区
13	GISData.DBO.油气管线	油气管线
14	GISData.DBO.油气平台	油气平台
15	GISData.DBO.勘界岸线	勘界岸线
16	GISData.DBO.区域用海规划	区域用海规划
17	GISData.DBO.红线管控信息表	红线管控信息表
18	GISData.DBO.红线制度文本表	红线制度文本表

系统数据库对外进行了服务发布，为系统调用和管理提供便利，地理数据服务包括基础地理数据、海岸线、海域利用、沿岸陆域水系、相关标注、区域界限、红线区及相关专题数据；该服务具有开放性，提供标准表述性状态传递（representational state transfer，REST）服务，供本系统和其他系统调用[11, 12]。

6.2 基于 WebGIS 技术的海洋生态红线区管理信息系统构建

海洋生态红线区管理信息系统构建采用的是 Flex 技术。Flex 是一种基于标准编程模型的高效丰富互联网应用程序（rich internet application，RIA）开发产品集[13]，Flex 最大的特点是基于全球流行的网络动画平台——Flash。通过 Flex 技术，开发人员可以将 RIA 程序编译成为 Flash 文件，为 Flash Player 所接受。也就是说，Flex技术所开发出来的程序对于大部分浏览者而言并不需要安装额外的客户端，这是一个得天独厚的优势。Flex 弥补了许多传统 Web 应用缺乏的元素，客户端减少了与服务器之间通信的次数，更为详细地展示数据的细节。最适用的应用程序包括：解决多步处理、客户端验证及控制可视数据，使桌面应用和 Web 应用结合在一起，表现出强大的表现力[14, 15]。

基于 Flex 的 WebGIS 应用框架如图 6-1 所示。整个框架分为 3 层，即表现层、应用层、数据层。

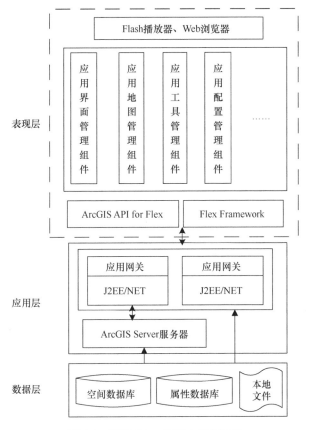

图 6-1 基于 Flex 的 WebGIS 框架

6.2.1 表现层

基于浏览器或 Flash 播放器的一个富客户端可以为用户呈现一个丰富的、具有高交互性的可视化界面，以图文一体化的方式显示空间和属性信息，同时也可以为用户提供地图交互、信息查询和地图分析的交互接口。

6.2.2 应用层

应用层是负责响应 Flex 客户端请求的核心层。它接收来自客户端的请求，并根据用户请求类型做出相应响应。通过 J2EE/.NET 应用服务器与 ArcGIS Server 服务器响应空间数据和属性数据请求，对空间数据进行分析和控制。同时利用应用网关、远程服务与业务数据库进行交互，完成业务数据的查询[16, 17]。

6.2.3　数据层

数据层是系统的底层，负责空间数据和属性数据的存取机制，维护各种数据之间的关系，并提供数据备份、数据存档和数据安全机制，为整个系统提供数据源的 Flex 客户端是富客户端形式，其对外数据接口有两个：REST 和 Servlet。REST 接口负责连接 ArcGIS Server 数据源，Servlet 接口负责连接 Web Server 和 XI 系统（交换架构，exchange Infrastructure）的数据。

ArcGIS Server 服务器通过 ArcGIS API[①] for Flex 框架生成 Flex 地图数据的统一资源定位地址（uniform resource locater，URL），其格式如下。

http://<服务器名称>/<实例名>/services/<文件夹名称（如果服务在一个文件夹里）>/<服务名>/<服务类型（某些服务需要）>/。

客户端主要直接调用这个地址，就能对地图数据进行操作，非常简便。Web Server 作为可选的服务器，通过项目 ID 和 Flex 连接，实现连接数据库、上传文件、显示图片等功能。Web Server 最重要的功能是具有开放性的接口，能实现和 XI 系统数据共享。系统所想要的数据都可以通过 Web Server 从其他系统中获取，实现资源共享。

基于 ArcGIS Flex API 开发的环境专题 WebGIS 系统克服了原有 WebGIS 开发中存在的交互性差、响应速度慢等缺陷，使其能够呈现更加丰富、体验性更强的用户界面，为 WebGIS 的应用提供了一种崭新的表现机制。同时基于 Flex 可重用、可扩展的框架设计，使得功能扩展成为可能，大大地提高了开发和部署效率；GIS 服务器动态地图渲染和地图切片技术相结合，以及基于 AMF 协议（动作消息格式协议，Action Message Format 协议）的 Flash Remoting 通信技术，使得空间信息发布和浏览的速度大大地提高。

6.3　天津海洋生态红线区管理信息系统功能模块介绍

天津海洋生态红线区管理信息系统主要用于海洋生态红线区的相关监测数据、海域利用、社会经济等信息管理与决策分析。系统主要功能模块包括基础信息管理、红线区控制指标管理、工程项目预览与符合性分析、红线区监测信息管理、辅助功能和浮标数据管理等功能模块（图 6-2）。

6.3.1　基础信息管理模块

本模块的主要目标是实现对海洋生态红线区的基本信息、名称、类型、批复

---

① API：application program interface，应用程序接口

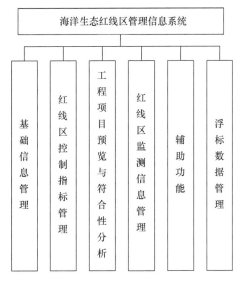

图 6-2 海洋生态红线区管理信息系统模块组成图

日期、所在行政区域、地理范围（拐点坐标）、覆盖区域、保护目标、管控措施和相关报告文件（海洋生态红线制度、海洋生态红线区选划技术指南、海洋生态红线科研项目、海洋生态红线研究报告、海洋生态红线研究论文）等信息进行查询、上传、在线编辑及删除操作；同时针对各类海洋生态红线区、海洋保护区、监测数据、海域利用和社会经济等类型的数据进行集中管理，满足各类数据的输入、输出、查询及浏览等功能，满足系统对基本数据库的信息维护，同时满足空间数据的导入、导出、在线编辑、属性维护和图层配置等功能。各功能模块如图 6-3～图 6-7 所示。

图 6-3 360°现场调查信息图

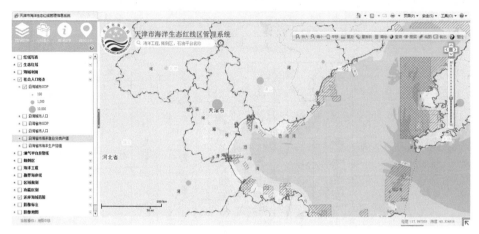

图 6-4　沿海社会经济图

图 6-5　海域利用现状图

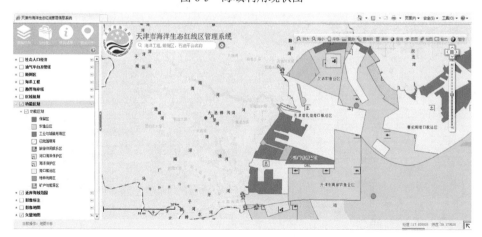

图 6-6　功能区划分布图

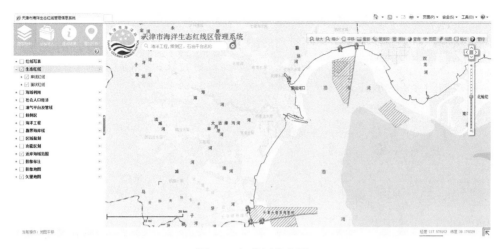

图 6-7 红线区分布图

6.3.2 红线区控制指标管理模块

本模块的主要目标是实现已区划的海洋生态红线区自然岸线保有率指标、红线区面积控制指标、水质达标控制指标和入海污染物减排指标等的查询及数据统计（图、表），根据现有环境状况数据，评价建设项目对红线区环境状况的影响，根据评价结果和相关指标体系，实现红线区建设项目预警。红线区管控指标查询模块如图 6-8 所示。

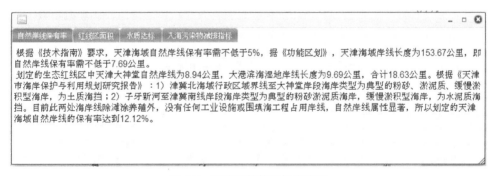

图 6-8 红线区管控指标查询图

6.3.3 工程项目预览与符合性分析模块

本模块的主要目标是根据工程项目的经纬度信息导入，系统可浏览项目所在的位置信息、周长、面积等，并判断叠加红线区的类型及其是否和现有的工程项目重叠等信息。

根据工程项目的地理位置，结合海洋生态红线区，给出指定范围内的生态红线区状况，自动获取海洋工程项目所属的生态红线区，并根据工程项目的类型判别工程项目是否符合区划管理要求，并生成项目符合性报告。工程项目符合性分析模块如图 6-9 所示。

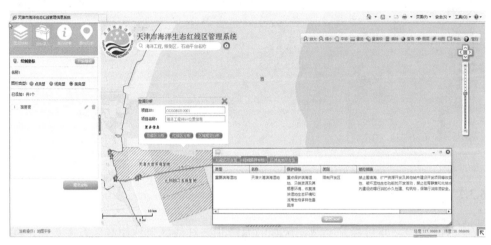

图 6-9　工程项目符合性分析图

6.3.4　红线区监测信息管理模块

本模块的主要目标是实现根据红线区设定的监测任务和监测方案，收集整理海洋环境监测数据，主要包括水质、沉积物、生物及排污口等信息，实现原始数据管理与实时评价分析，并实现与红线区管控指标进行对比分析，查看红线区水质状况及排污达标状况等。红线区周边环境监测信息查询结果模块如图 6-10～图 6-12 所示。

图 6-10　红线区基本信息查询图

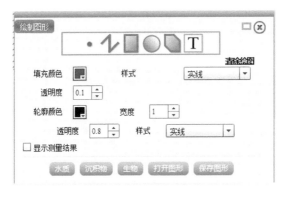

图 6-11　周边环境查询

任务编码	区域编码	站位编号	监测任务	监测区域	监测机构	组织单位	海区	计划经度	计划纬度	实测经度	实测纬
A0100	A0100B1200001	A1B12YQ002	海洋生物多样性	天津渤海湾生态监控区	天津海洋环境监测中心站	天津市海洋局	渤海	117.85	38.658333	117.85	38.65
A0100	A0100B1200001	A1B12YQ002	海洋生物多样性	天津渤海湾生态监控区	天津海洋环境监测中心站	天津市海洋局	渤海	117.85	38.658333	117.85	38.65
A0100	A0100B1200001	A1B12YQ001	海洋生物多样性	天津渤海湾生态监控区	天津海洋环境监测中心站	天津市海洋局	渤海	117.766667	38.658333	117.766667	38.65
A0100	A0100B1200001	A1B12YQ001	海洋生物多样性	天津渤海湾生态监控区	天津海洋环境监测中心站	天津市海洋局	渤海	117.766667	38.658333	117.766667	38.65
A0100	A0100B1200001	A1B12YQ001	海洋生物多样性	天津渤海湾生态监控区	天津海洋环境监测中心站	天津市海洋局	渤海	117.766667	38.658333	117.766667	38.65
A0100	A0100B1200001	A1B12YQ002	海洋生物多样性	天津渤海湾生态监控区	天津海洋环境监测中心站	天津市海洋局	渤海	117.85	38.658333	117.85	38.65
A0100	A0100B1200001	A1B12YQ002	海洋生物多样性	天津渤海湾生态监控区	天津海洋环境监测中心站	天津市海洋局	渤海	117.85	38.658333	117.85	38.65
C0300	C0300B1200001	C3B12YQ029	海洋工程建设项目	天津滨海新区	天津海洋环境监测中心站	天津市海洋局	渤海	117.766667	38.658333	117.766667	38.65
C0300	C0300B1200001	C3B12YQ030	海洋工程建设项目	天津滨海新区	天津海洋环境监测中心站	天津市海洋局	渤海	117.85	38.658333	117.85	38.65
A0200	A0200B1300001	A2B13YQ410	海水	河北近岸	河北省海洋环境监测中心	河北省海洋局	渤海	117.666667	38.644444	117.666667	38.64

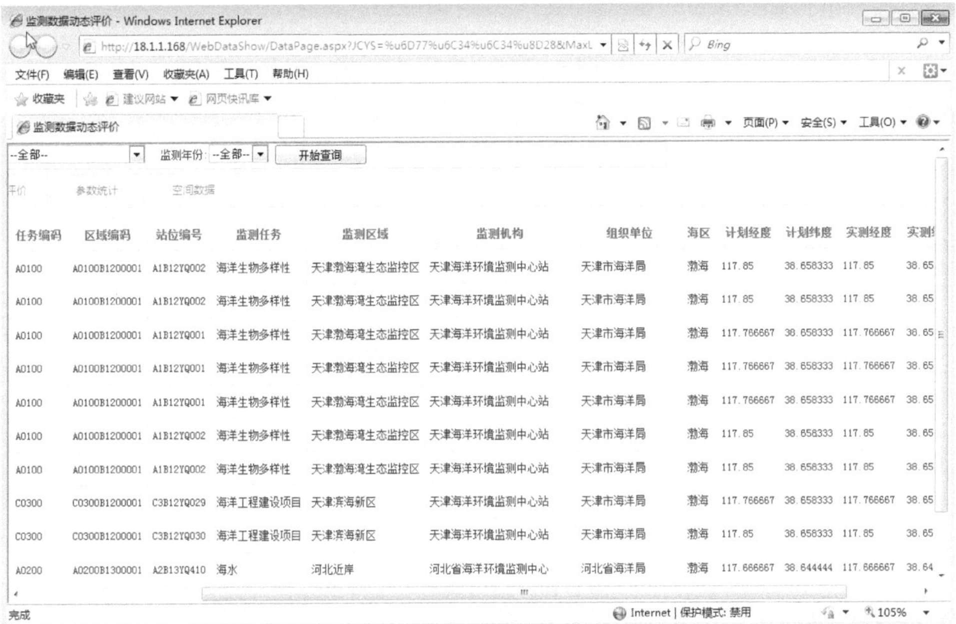

图 6-12　周边环境监测信息查询结果图

6.3.5　辅助功能模块

本模块的主要目标是实现 GIS 基本功能：包括矢量、地形和遥感等基础地图切换，地图放大、缩小与漫游，量距、量面、查询、清除、打印、制图、标注及标绘等。辅助工具包括红线区遥感卫片加载与比对分析，以及相关视频、图片、简报和专题报告的上传、加载、查询及浏览等。红线区地图模板打印定制模块如图 6-13 所示，地图基本工具模块如图 6-14 所示。

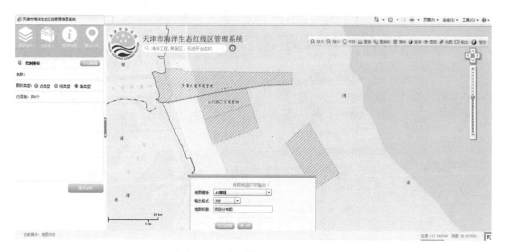

图 6-13　地图模板打印定制图

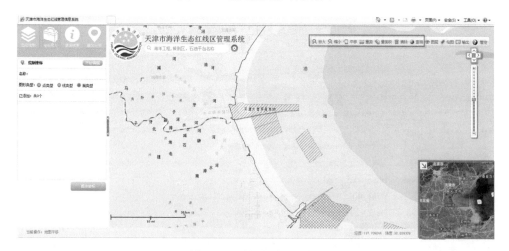

图 6-14　地图基本工具图

6.3.6　浮标数据管理模块

　　本模块的主要目标是实现浮标数据的管理，按照分页查询、单条记录及详细查询等方式进行数据的查询，主要包括观测站位、浮标编号、经度、纬度、表层水温、表层盐度、叶绿素含量、浊度、溶解氧及 pH 等海洋生态要素；同时按照浮标编号关键字进行过滤查询，实现某一个浮标的查询，具体操作界面如图 6-15 所示。

序号	观测站位	浮标编号	日期时间	经度	纬度	表层水温（℃）	表层盐度（ppt）	叶绿素（ug/L）	浊度（FTU）	溶解氧（mg/L）	pH	操作
1	ST01	ST01	2015/9/1 0:00:00	117-6-34.7 E	39-8-7.1 N	19.870000	0.290000	0.200000	1.800000	18.210000	7.050000	详情 修改 删除
2	ST01	ST01	2015/9/1 0:30:00	117-6-34.0 E	39-8-7.1 N	19.810000	0.290000	0.700000	1.800000	19.280000	7.050000	详情 修改 删除
3	ST01	ST01	2015/9/1 1:00:00	117-6-34.8 E	39-8-7.0 N	19.770000	0.290000	0.800000	1.800000	19.540000	7.050000	详情 修改 删除
4	ST01	ST01	2015/9/1 1:30:00	117-6-35.3 E	39-8-7.0 N	19.700000	0.290000	0.520000	1.800000	18.450000	7.350000	详情 修改 删除
5	ST01	ST01	2015/9/1 2:00:00	117-6-34.8 E	39-8-7.2 N	19.640000	0.290000	0.600000	1.800000	17.740000	7.050000	详情 修改 删除
6	ST01	ST01	2015/9/1 2:30:00	117-6-34.8 E	39-8-7.0 N	19.580000	0.290000	0.900000	3.800000	18.460000	7.050000	详情 修改 删除
7	ST01	ST01	2015/9/1 3:00:00	117-6-35.0 E	39-8-6.9 N	19.510000	0.290000	0.900000	1.800000	17.960000	7.050000	详情 修改 删除
8	ST01	ST01	2015/9/1 3:30:00	117-6-34.8 E	39-8-7.0 N	19.440000	0.290000	0.700000	1.800000	18.490000	7.050000	详情 修改 删除
9	ST01	ST01	2015/9/1 4:00:00	117-6-35.0 E	39-8-7.1 N	19.160000	0.290000	0.600000	1.800000	18.070000	7.050000	详情 修改 删除
10	ST01	ST01	2015/9/1 4:30:00	117-6-34.6 E	39-8-6.9 N	19.240000	0.290000	0.800000	1.800000	18.120000	7.050000	详情 修改 删除
11	ST01	ST01	2015/9/1 5:00:00	117-6-34.8 E	39-8-6.4 N	19.150000	0.290000	0.400000	1.800000	20.060000	7.060000	详情 修改 删除
12	ST01	ST01	2015/9/1 5:30:00	117-6-35.2 E	39-8-7.6 N	19.010000	0.290000	0.200000	1.800000	19.390000	7.060000	详情 修改 删除
13	ST01	ST01	2015/9/1 6:00:00	117-6-34.8 E	39-8-6.9 N	18.940000	0.290000	0.500000	1.800000	16.730000	7.060000	详情 修改 删除
14	ST01	ST01	2015/9/1 6:30:00	117-6-35.2 E	39-8-7.1 N	18.890000	0.290000	0.400000	1.800000	19.060000	7.060000	详情 修改 删除
15	ST01	ST01	2015/9/1 7:00:00	117-6-34.8 E	39-8-6.8 N	18.860000	0.290000	0.300000	1.800000	19.900000	7.060000	详情 修改 删除
16	ST01	ST01	2015/9/1 7:30:00	117-6-35.0 E	39-8-7.0 N	18.870000	0.290000	0.600000	1.800000	13.720000	7.060000	详情 修改 删除
17	ST01	ST01	2015/9/1 8:00:00	117-6-34.3 E	39-8-7.1 N	18.870000	0.290000	0.900000	1.800000	19.220000	7.060000	详情 修改 删除
18	ST01	ST01	2015/9/1 8:30:00	117-6-34.8 E	39-8-7.1 N	18.870000	0.290000	0.800000	1.800000	19.840000	7.060000	详情 修改 删除
19	ST01	ST01	2015/9/1 9:00:00	117-6-35.0 E	39-8-7.0 N	18.880000	0.290000	0.800000	1.800000	17.530000	7.060000	详情 修改 删除
20	ST01	ST01	2015/9/1 9:30:00	117-6-35.1 E	39-8-6.5 N	18.870000	0.290000	0.600000	1.800000	18.670000	7.060000	详情 修改 删除
21	ST01	ST01	2015/9/1 10:00:00	117-6-34.7 E	39-8-6.9 N	18.960000	0.290000	0.400000	1.800000	19.170000	7.050000	详情 修改 删除

图 6-15　浮标数据管理模块界面

参 考 文 献

[1] 徐辉奋, 姜波, 赵世明, 等. 天津近岸海域水文环境分析[J]. 海洋技术, 2011, 30(2): 63-68.

[2] 李清雪. 海湾浮游生物及氮营养盐生态水动力学模型[D]. 天津: 天津大学博士学位论文, 2000.

[3] 邹涛, 叶凤娟, 刘秀梅, 等. 天津近海赤潮发生的环境条件分析[J]. 海洋预报, 2007, 24(4): 80-85.

[4] 国家海洋局. 渤海海洋生态红线划定技术指南[R]. 北京: 国家海洋局, 2012a: 1-18.

[5] 国家海洋局. 全国海洋功能区划(2011—2020 年)[R]. 北京: 国家海洋局, 2012b: 1-29.

[6] 国家海洋局. 2016 年中国海洋环境状况公报[R]. 北京: 国家海洋局, 2017: 1-50.

[7] 国家林业局. 《中国湿地保护行动计划》附录 1《中国重要湿地名录》[R]. 北京: 国家林业局, 2000: 1.

[8] 农业部. 水产种质资源保护区管理暂行办法[R]. 北京: 中华人民共和国农业部, 2011: 1-2.

[9] 国家海洋局. 海岸线保护与利用管理办法[R]. 北京: 国家海洋局, 2017: 1-2.

[10] 路文海. 海洋环境监测数据信息管理技术与实践[M]. 北京: 海洋出版社, 2013.

[11] 卜志国, 高晓慧, 李忠强. 基于 GIS 的海洋生态环境监测数据分析评价系统研究[J]. 中国海洋大学学报, 2012, 42(1-2): 36-40.

[12] 付瑞全, 向先全, 杨翼, 等. 基于 WEB 服务的海洋污染面积计算方法研究[J]. 海洋通报, 2014, 33(6): 712-716.

[13] 汪林林, 胡德华, 王佐成, 等. 基于Flex的RIA WebGIS研究与实现[J]. 计算机应用, 2008, 28(12): 34-37.

[14] 付瑞全, 杨翼, 路文海, 等. 基于 WebGIS 的海洋环境监测数据可视化管理[J]. 海洋通报, 2014, 33(1): 60-64.

[15] 易敏, 吴健平, 姚申君, 等. GIS 在环境监测数据管理分析中的应用[J]. 环境科学与管理, 2007, 32(12): 148-150.

[16] 刘二年, 丰江帆, 张宏. 基于 Flex 的环保 WebGIS 研究[J]. 测绘与空间地理信息, 2006, 29(2): 26-28.

[17] 吴涛, 戚铭尧, 黎勇, 等. WebGIS 开发中的 RIA 技术应用研究[J]. 测绘通报, 2006, (6): 34-37.